新建筑设计丛书

刘光亚　鲁　岗 主编

售楼处设计 1

中国建筑工业出版社
CHINA ARCHITECTURE & BUILDING PRESS

前　言

在撰写前言之时，我时时按捺不住地翘望"新建筑设计丛书"出版的日子。在这个期盼当中，我很自然地感受到了时间的尺度，正如站在门廊放眼于广庭中央那开阔的大殿——我在未到场之时已被场所感染。

也许更有贤士的慧眼深智将不止于大殿，他们的目光拉得更远更长以至瞻顾华夏悠远文明，使本书幸沐圣泽。如果是这样，我将倍感荣幸，挚谢鞠躬。

所幸于时代的兴旺成长，我不断发现越来越多拥有意韵灵性的新建筑。我想，这背后定然隐藏着一大批才华横溢、踌躇满志的优秀设计师。但是天地之大，岁月匆匆，时代的舞台大而纷繁以至难辨鸽鹤黯然飞逝。我梦想着为他们新建一座大花园，把瞬间绽放和默然静待的奇花异蕾留住，以望其影如闻其香。

"新建筑设计丛书"现有三个系列。《售楼处设计1》中集聚了近年来北京售楼处的精选案例。我曾感叹不少优秀的售楼处难逃拆除的命运，因而起了收录成书的动机。正是由于售楼处本身功能的单一和寿命短暂，那种存在的本体真实性就更加强烈地呈现出来，它是那么专注，因而显得万分单纯坦诚。加上业主对于它所附加的广告宣传之需要，它在设计师的充分畅想之中忠实而自如地承接了自己的使命，以从容的坦诚使短暂化为永恒。《会所设计1》中收录的"会所"建筑兴起不久，一般作为社区的活动中心。会所代表的生活是现代人工作和家庭的延伸，是群体自我的抉择、融入和展示，是一部分人寻觅精神家园的新场所。但会所的实质并不是精神家园，它与此无关，与一切无关，它简明、自由、轻率、炫耀、放任，而我们有时竟能在喧闹中嗅到禅意。第三本是《旧建筑空间的改造和再生1》，其中所选的建筑保护、改造和利用案例与巴黎、伦敦、阿姆斯特丹、柏林、安特卫普等城市的LOFT同工异曲。LOFT赋予建筑以尊严，它们深情且智慧，既符合时代又超越了时代。LOFT是建筑生死的再反思，但它并不是回答，也未作选择。它永远在选择之中，思索与体验即是目的。杜甫有一首诗道："人生不相见，动如参与商；今夕更何夕，共此灯烛光。"LOFT不禁使我依稀觉得时空交迭，混沌无依，然后我通常会突然真切地意识到自我，在一切影绰的空间中包裹着的时间散落出来，作为背景追问着存在的意义并寻求着永恒。

我所幸能主编此丛书，书中的实例帮助我们在浩大的宇宙里圈留出一些场地，让我们可以用力牢牢抓住，以免滑入时空的缝隙。它们都是很小的作品，有时甚至微不足道。但我们应对它们怀以敬畏，因为是它们肩负起你我的存在，撑起了世界的屋顶，也是它们坚强地立于纷扰之中，努力为我们留住一些清静、安逸和梦想。

最后，我想向设计并提供书中作品的建筑师们致谢，也向所有辛勤而坚韧的求索者们致敬！并感谢我们的国家和我们的荣盛时代！

刘光亚　写于北京清明时分

二零零六年四月初

目录

售楼处设计 1

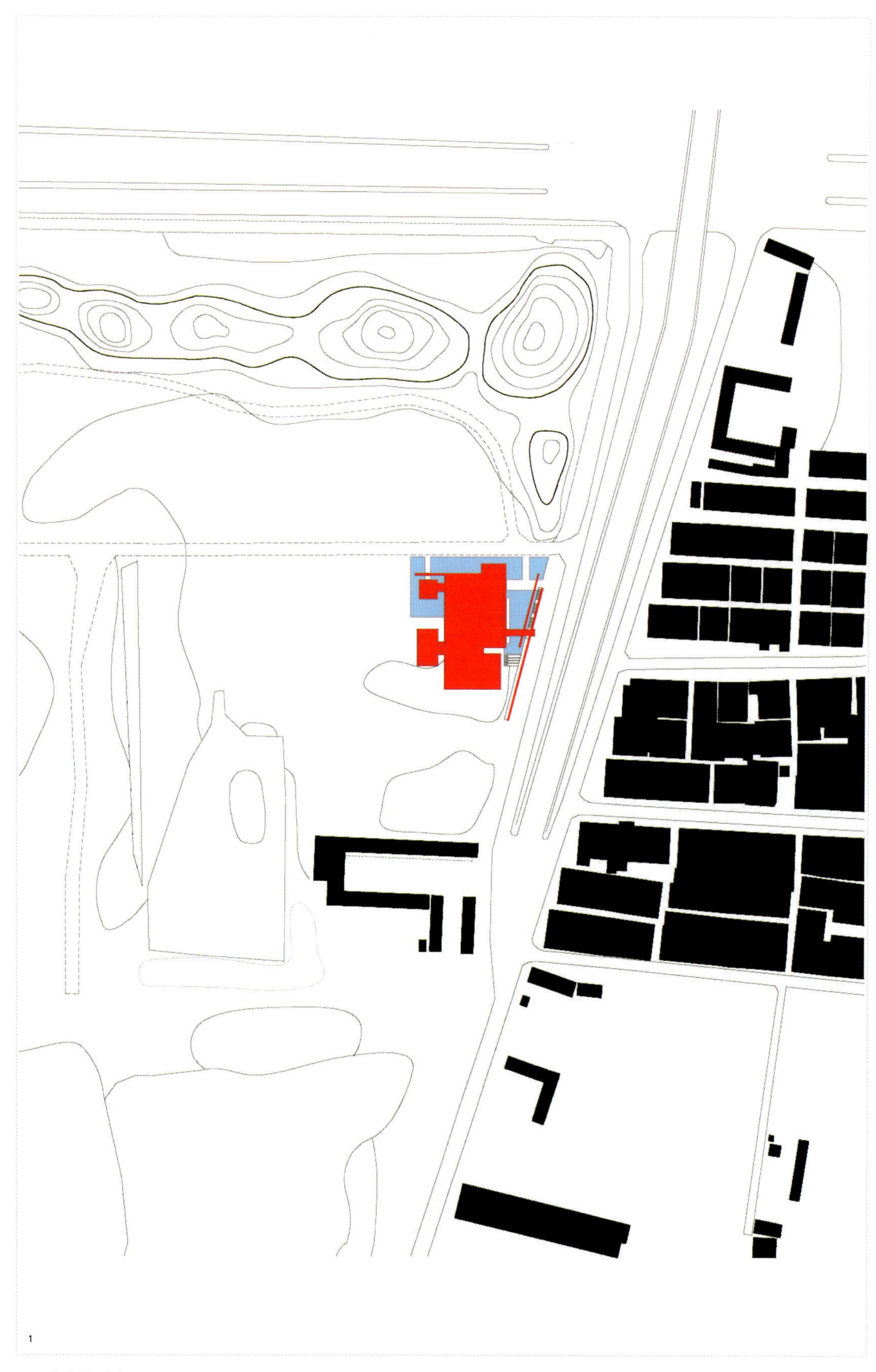

项目名称：北京华侨城售楼处

业　　主：北京市华侨城实业有限公司

建筑设计及室内设计：URBANUS 都市实践建筑设计咨询有限公司

主持建筑师：王辉

项目小组：蔡沁雯、樊国欣、陈春

结构机电水设计：中建国际（深圳）设计顾问有限公司

室内施工图配合：赵博、姜麟

项目地点：北京东四环四方桥小武基路

项目规模：1800 m^2

建造年代：2004 年

摄　　影：杨超英

不多不少的散点透视 北京华侨城售楼处

Diffused Perspectives: Between the Minimal and the Maximal

URBANUS 都市实践

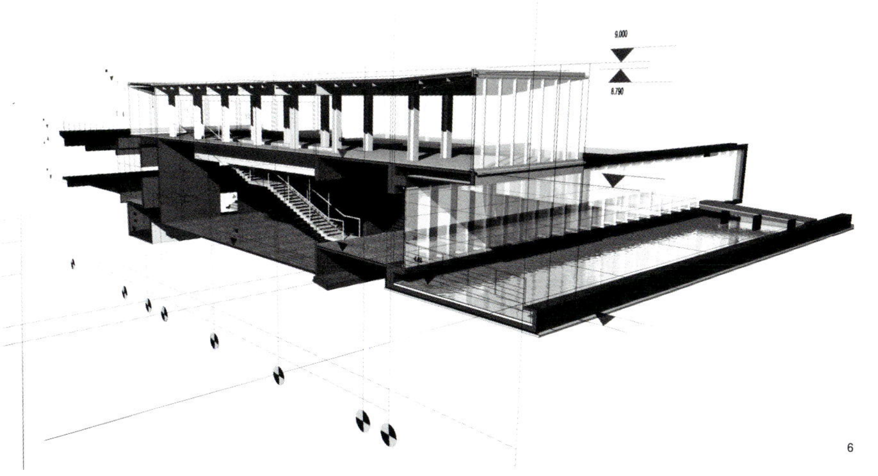

2–5 模型图
6 轴测图

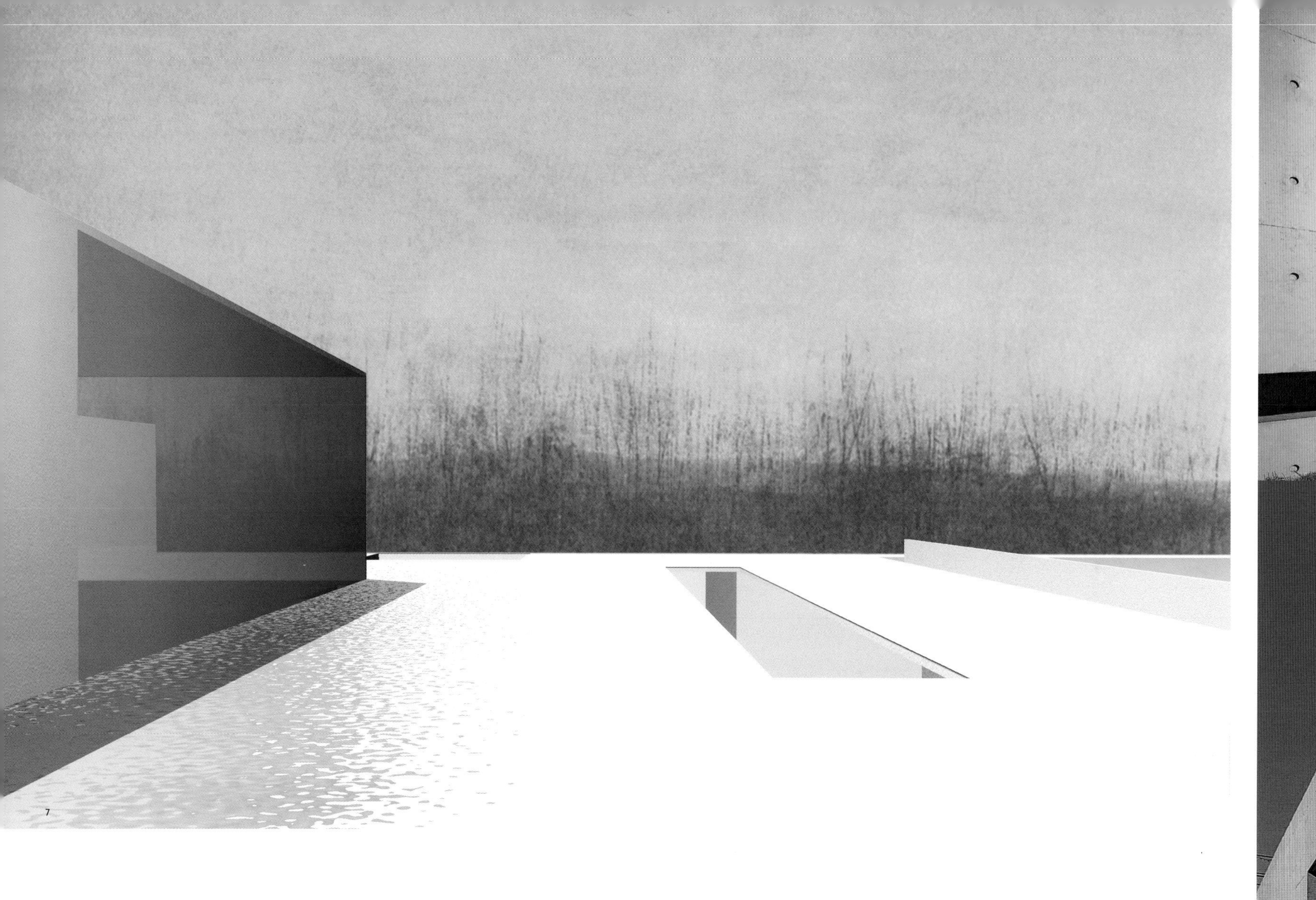

7

以旅游地产为旗帜的华侨城地产公司在北京的地产项目与其主题公园项目仅一街之隔，地产项目的售楼处则位于主题公园一侧，沿京沈高速的城市百米绿化带的边缘。设计最初的构思是让人先从百米绿化带穿过后，售楼处跃然眼前，以体现项目的生态特点。因此，初始的方案是一个在林边的盒子，与树林之间形成了看与被看的简洁关系。

一张表现图已说明了盒子的存在在这个画面中的重要性。在这个画面中，假如没有水和盒子，树林并没有什么意境可言，所以盒子成了主体。

另一个有趣的现象是，这张画是用一点透视来体现的：一个盒子，一个视点，一种震撼力。视觉对象是售楼处。

这种极少主义的想法跟随着项目的深化走过了一定的时段，也逐渐暴露出问题。

首先让我们意识到的是售楼处不是被看的对象，而是从中去看其他对象。换言之，一方面由于绝大部分时间人是在建筑内部，因此它外部形式的重要性远远低于从内部空间体会外围现场的重要性，这点在这个有丰厚外部景观条件的项目中尤为突出。另一方面，售楼处的焦点不是售楼处本身，而是所展示的对象，这点与博物馆有些类似。其次在整个销售流程中，人不是固化在某一个点上，因此，视点是不断移动的，视线不断地跳跃于室内与室外之间，场景在不停地转化，静态的盒子是很难有所作为的。

7 透视图
8 实景外侧远景
9 实景外侧中景
10 实景外侧近景
11 实景入口

12

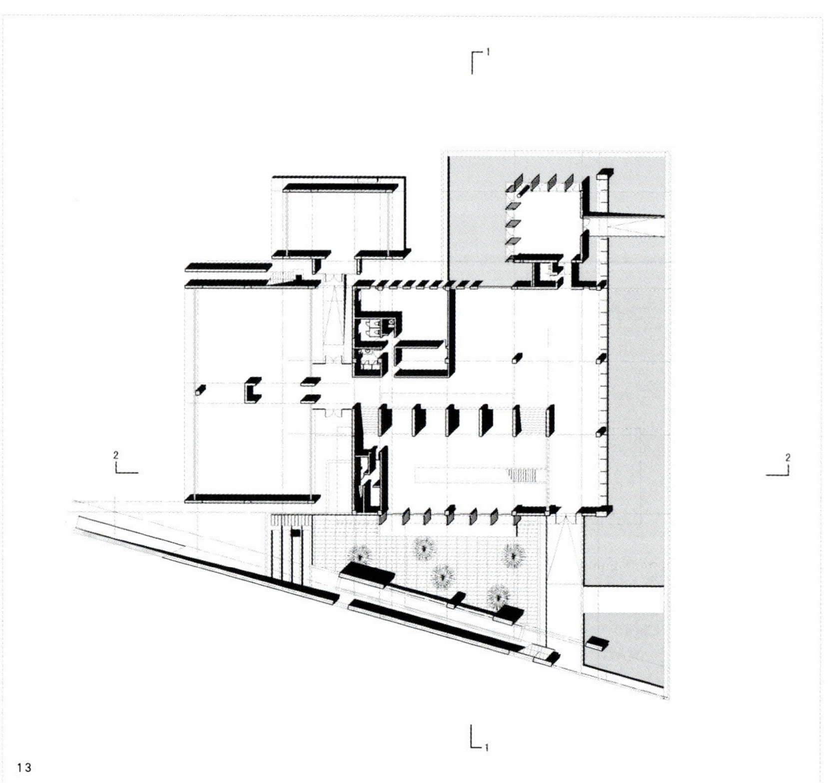

13

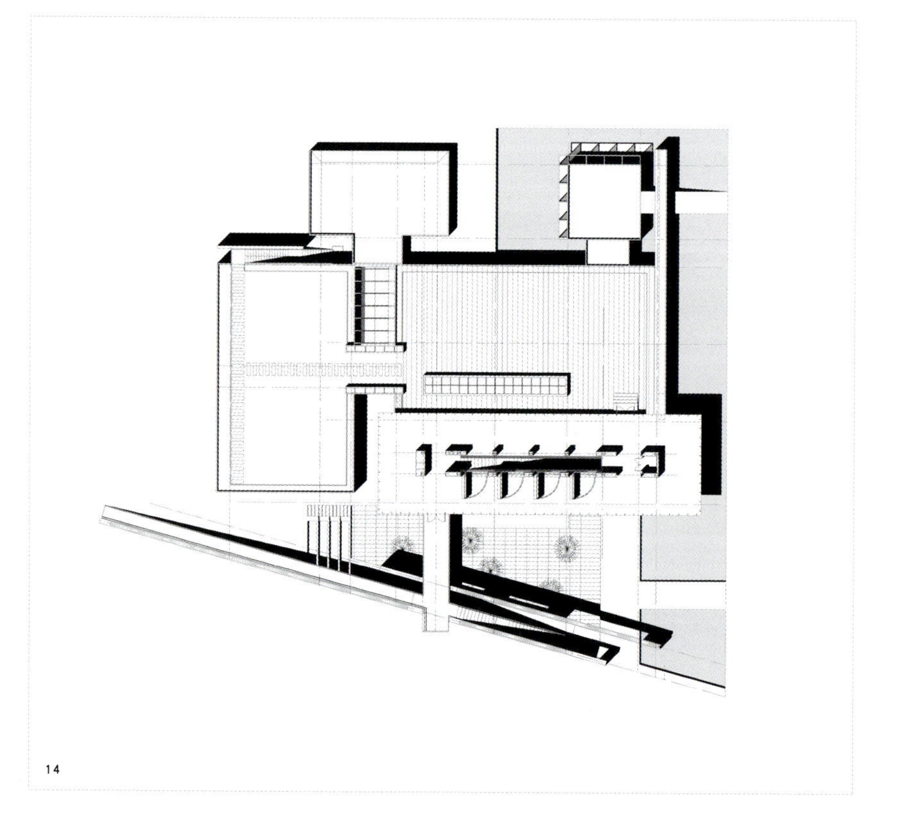
14

这一体会使用定点透视来组织形体和空间的设计方法转向用散点透视，同时也质疑极少主义做法的有效性。因此，"不多不少"成为一种思路：不多是指散点透视不是去扩大更多的目标，而是让同一目标在不同的时空上反复展现；不少，是指清教徒似的建筑学唯美让位于广大受众都能认可的舒适的视觉享受。这种思路很接近于中国传统的园林设计思想，只是在这里所有的材料和空间元素更有当代性。

12 实景东立面
13–14 平面图
15 入口细部
16 入口

17

当看与被看被重新明确后，百米绿化带成了永远的焦点。从树林中走出时，迎面是一条长长的玻璃幕墙，树林就映在上面。进入主入口后，这条长轴又再一次把百米绿化带引到室内。因此，使用了玻璃肋来支撑玻璃，以避免窗框的干扰，来获得连续的画面。二层是一个玻璃盒子，面对百米绿化带，有着180°的视野。为了夸大这种视野，玻璃盒子向北悬挑5m，直对从林中走出的车道。洽谈区是一个下沉的室内庭院，被室外梯形的水院（因为水可以没到地板之上）保护住，并用清水混凝土墙隔绝小武基路的干扰。在施工中，业主的设计负责人和建筑师一起不断地在实地研究如何能使坐在室内和室外院子里的人能够看到绿化带。

17　中庭
18　立面图
19　室外局部透视

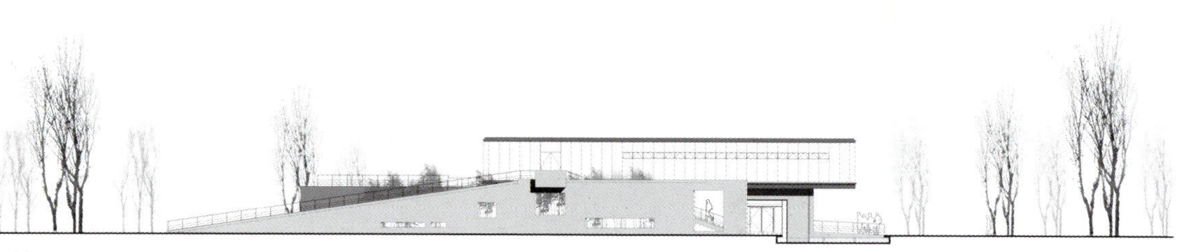
18

华侨城

20

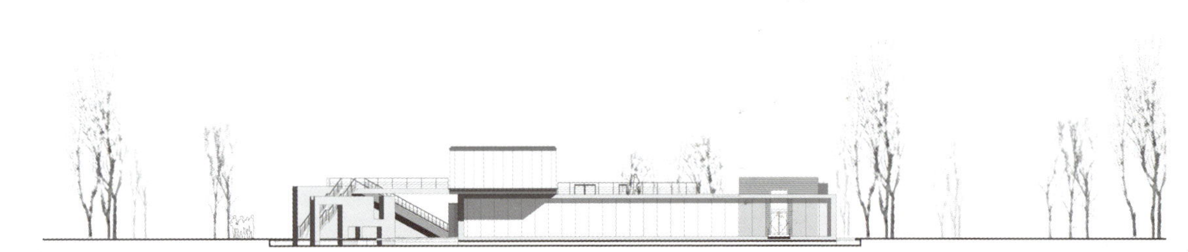

21

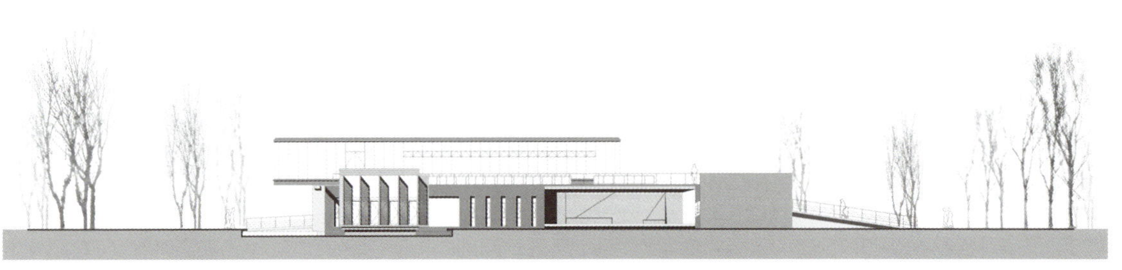

22

20　内庭
21–22　立面图
23　外景
24　内庭一角
25　全景

当然，绿化带不是惟一被看的对象。由此引申的是观者不是在抽象的空间之中，而是在有自然光与景的空间之中。因此，许许多多小院、天井、室外露台、天窗等等有序地拼贴成一个完整的空间和逻辑的流程，在这种拼贴过程中，材料起着重要的作用。能与自然相容的材料，如清水混凝土、烧毛花岗石、青石板条、原木、玻璃、金属板等等，都不拒绝，不多不少。不多仍在于它们在和谐的对比中能相互融合，不少仍在于在散点透视的游弋中眼帘中总有有趣的东西。

23

24
25

26

27

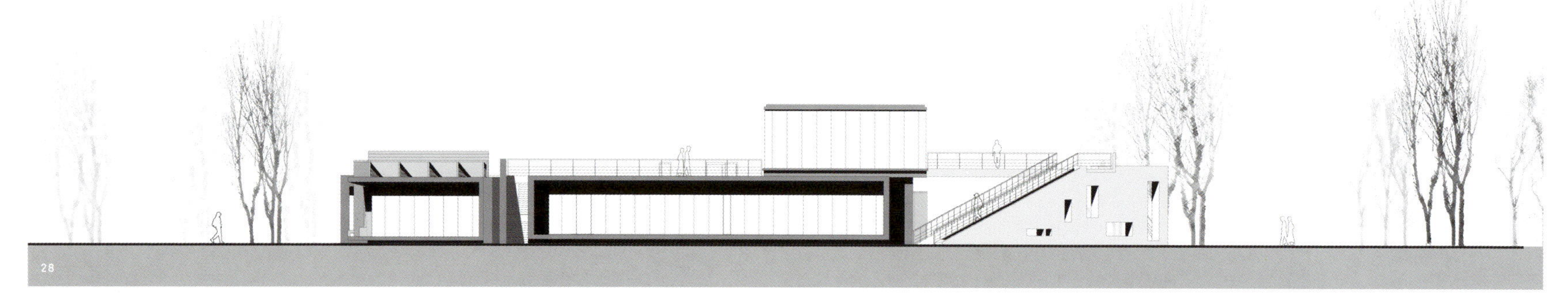

28

26 内庭
27 内庭一角
28 立面图

售楼处精神上的提升是二层出挑的玻璃盒子。钢结构的倒三角顶使之显得很轻，它在方案的第一笔草图就已经出现。在一次方案讨论会上，人们忽然意识到这个设计的风格既不靠地产项目，又不靠主题公园。它存在的合理性一直受到怀疑。建筑师的回答是：它就是在北京的何香凝美术馆！因此大家有了共识：将一个与商业销售似乎离得很远的画廊引入。事实上，商业与文化的联姻在现实中还是给予了销售许多附加值，而业主更是及时地把“售楼处”这一俗名更改为“现代生活艺术馆”。底层与顶上画廊的连接是通过悬挂的玻璃楼梯。它像是一个雕塑般的骨架，建筑师在构想这个空间时，脑中偶然想起海明威《老人与海》中的最后镜头，回航拖着只剩下大鱼骨头的船。建筑师就像是渔民，不知是在享受打鱼劳作之乐，还是收获之乐。而这个骨架，也让本来很明白的东西带上了模糊的意味，尤其是它引人走向神秘的上部空间，空间开口狭长，向下撒着高侧光。像伯鲁乃列斯基洛伦佐教堂中有序的梁柱构件一样，把一点透视的线框反复勾勒出来，骨架悬梯也有这种强烈的一点透视感，使分散的透视终于在空间中凝结成一个有力的焦点，指向一个精神上更高的境界。

北京华侨城售楼处设计小中见大地体现了URBANUS都市实践所一贯坚持的用一种完美的解决问题的方法从平凡的功能中衍生出诗意化的生活，将简单的项目变得更有意义。这种转化，也是业主和设计师共同努力的结果，在项目设计过程中，业主倾注了巨大的热情并给予了极大的支持，使项目从设计到施工完成一直保持着高端的目标。

29　内庭细部

30 通廊
31 1—1剖面图
32 2—2剖面图
33 近景

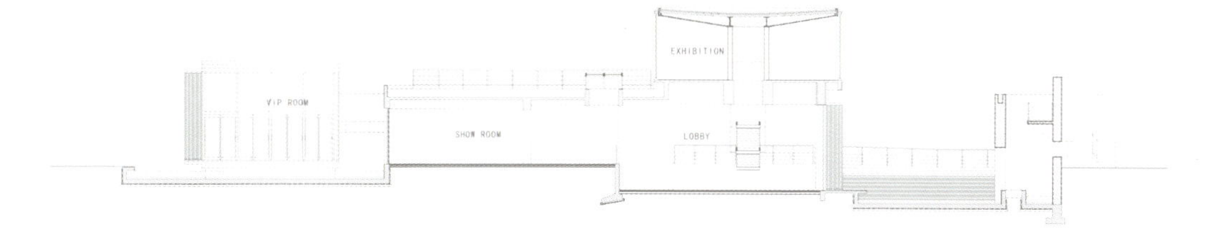

31

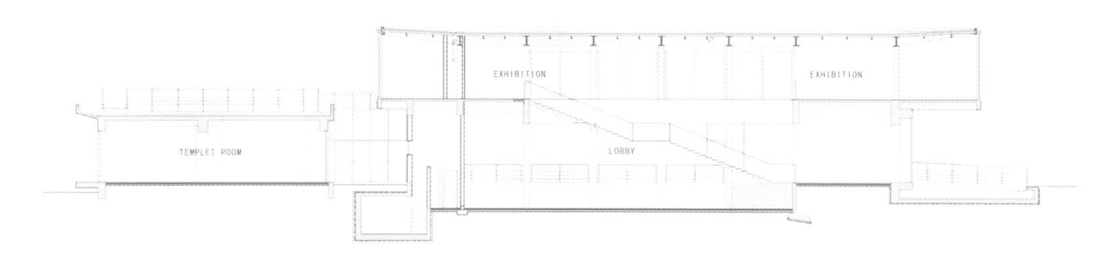

32

33

34 内庭
35 内庭一角
36 通廊外侧
37 楼梯

38
39
40

38　室内大厅
39　楼梯仰视走廊
40　室内一角
41　接待区

项目名称：SOHO 尚都售楼处

业　　主：SOHO 中国有限公司

方案设计：LAB ARCHITECTURE STUDIO　（澳大利亚）

建 筑 师：Peter Davidson

施工图设计：建研建筑设计研究院有限公司

建筑设计：孟莎　傅晓毅

结构设计：诸火生

电气设计：王黛兰　吴燕

设备设计：曹源　宋维

土建造价：约 700 万元人民币

完工时间：2004 年 9 月

1　全景

本工程为“SOHO尚都”项目的售楼处，建筑面积905m²，位置在东大桥路8号，蓝岛大厦向南路东侧。“small office home office”是SOHO中国有限公司所开发项目一贯坚持的产品特色，同时该公司对建筑设计品质非常注重，在本项目中选择了澳大利亚建筑师Peter Davidson。该建筑师设计理念前卫，在设计风格上，放弃传统的横平竖直，采用大胆的非对称建筑语言，强调空间关系的变化。

售楼处共3层，建筑高度约13m。平面形式南北长东西短，西面紧邻马路。首层主要有入口大堂、咖啡吧、洽谈室，大堂楼梯位于中部与其所在的天井成为室内空间的核心，卫生间设于楼梯下部空间，位置相对隐蔽。各部门的办公室安排在南部走廊两端。样板间主要的展示空间设在二层：北部为单层SOHO办公，约85m²的空间很适合小型公司办公；南部为跃层式的LOFT办公，约180m²适合工作室、小型餐饮店的选择，上下两层由户内楼梯联系，设两层高的共享空间，在下层南端隔出一个室外平台，营造了一片相对安静的休闲区。北部的三层是销售人员办公室。

2 办公区
3 入口大堂
4 洽谈区

2

3

4

5

5　会议厅
6　办公室
7　办公室一角

6

7

8　洽谈区
9　模型展示区

建筑体量总体呈长条状，通过不规则的楔形交叉、小角度扭转创造出新颖独特、丰富多变的空间。结构采用钢结构框架体系来支持灵活的空间布局。在材料及色彩的选择上，主体外墙采用深灰色铝板幕墙结合灰色镀膜玻璃窗及灰色穿孔铝板形成了雕塑感强烈的立体构成；在不同角度的两面交汇边界设计有灯带（这一手法也是主楼立面设计中冰裂纹的创意），首层大堂临街部位采用通透的全玻璃幕墙，使得夜间的灯光效果营造了点、线、面交错的时代感，成为街边一道亮点。

景观及精装设计也迎合主体建筑的设计风格，交错、裂纹、对比的手法贯彻于每个细节；立体造型绿地边沿用不锈钢板维护是建筑师精心创意；室外LOGO标志牌色彩用了鲜亮的纯色，与灰色幕墙形成反差，更成为点睛之笔。（文／傅晓毅）

10–13　样板间

14　样板间全貌
15　室内一角
16　休息区

東晶国际
EAST SUN

1　外景
2　首层平面
3　二层平面

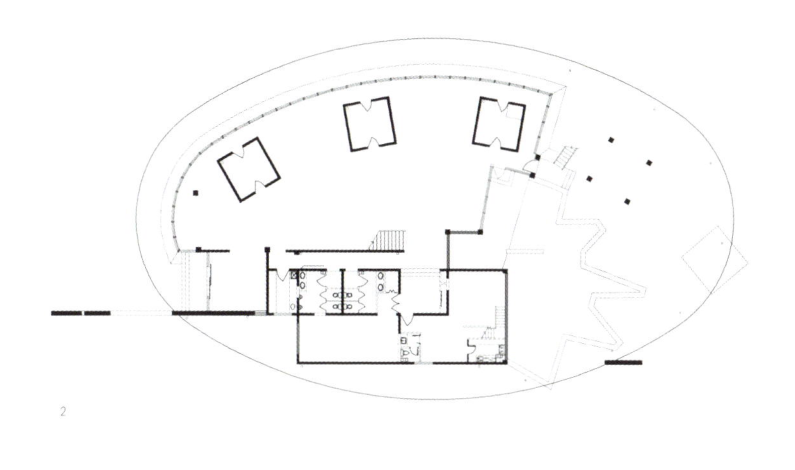

2

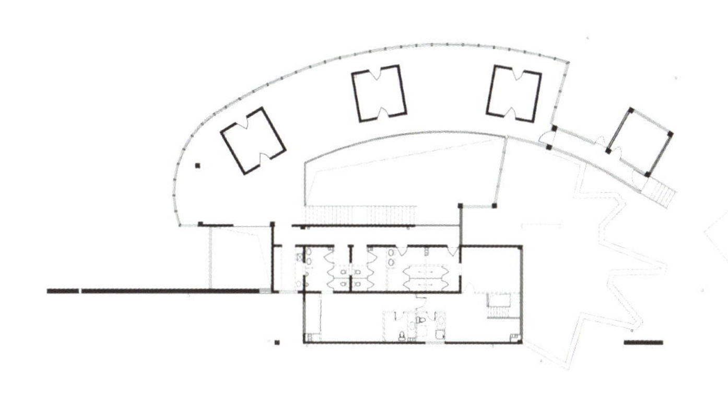

3

项目名称：东晶 · 国际售楼处

业主名称：北京富华房地产开发有限公司

设计单位：联安国际建筑设计有限公司

设 计 人：姚升中

结构形式：钢筋混凝土剪力墙＋钢结构屋顶

建筑材料：清水混凝土外饰面，玻璃幕墙

完成时间：2001 年

基地

项目位于小区一隅，场地窄长，周边被高大建筑压迫，在冬季，这一定是西北风的风口。场地内部连通小区的中心绿地，外界为城市道路，似峡谷状。人在此的第一感受必是左顾右盼，试图找到一个立足点，既能窥视喧嚣的街道，又能独享社区内部的静谧。

椭圆

一切就这样顺理成章了。无方向的椭圆帮我们化解了一切矛盾。无为胜有为，椭圆与周边之势兼收并蓄，共生共存，在此，我们联想到禅宗道家的"易"，虽不甚明了，但仅取其宁静致远的意境吧。

墙

墙向来是作为空间的一种围护和分割构件而存在的。入口处从室内伸展出的夸张二维片面，既作为入口的引导标识，又是一种内街的暗示。街景从此被引入，同时椭圆即被分解为二部分，形成望街的视线通廊。内部空间的消解同时证明了墙的逻辑存在。

无上下

以莫比乌斯圈为模型，我们试图利用传统的上下空间组织构件来营造一种穿越的假象。虽然由于建筑原因，我们没能颠覆什么，但从下往上从内而外，再周而复始的空间游戏成为研究的重点。人的流线穿插于内街上下，对望内外街景，使你不知身在何处。

4　入口
5　入口一角
6　剖面图
7　中庭

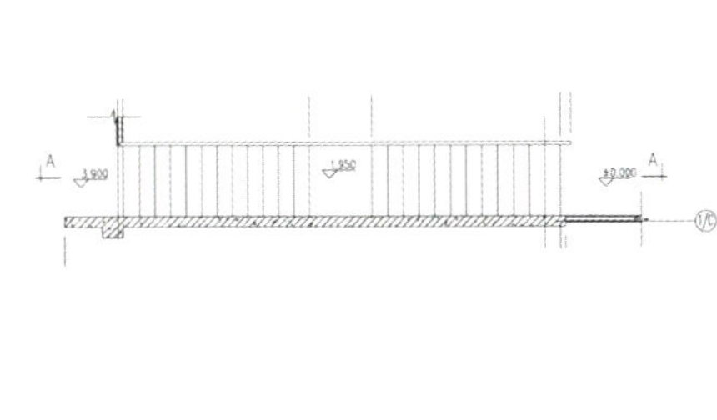

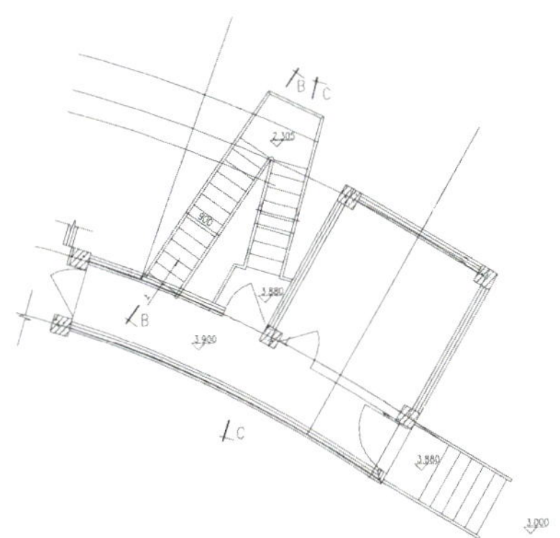

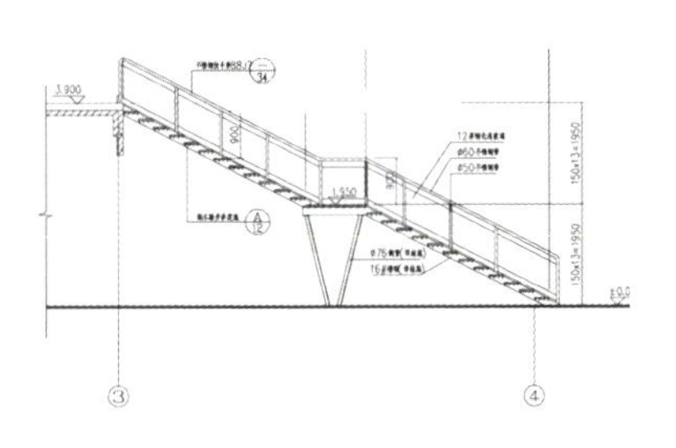

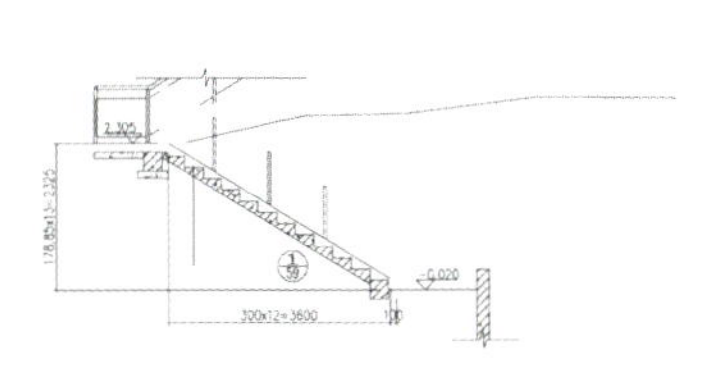

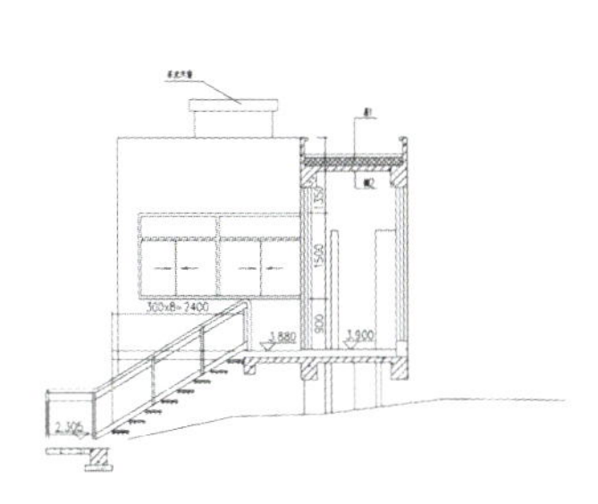

街

“内街”即建筑的中庭空间，光线从玻璃顶棚散下，强化了街道的特性。街的尽头为通透玻璃墙，外面是人工的水塘，铁笼卵石护坡，一切都是刻意造的景，但却散发着无限的野趣。沿街驻足近处池塘荷叶浮动，远望小区绿景欣欣向荣。穿插的不仅是时空交错，更是意境的融合。

三个实体

按业主要求，在建筑中设置三个封闭的洽谈室，均以混凝土墙围合，各有一门，上为圆形天井采天光。在充分保证客户隐私的同时，创造良好的谈话空间。实体沿建筑一弧边并立，即为建筑的承重结构，类柱，成为另类的封闭街景。

8　内梯
9　外梯

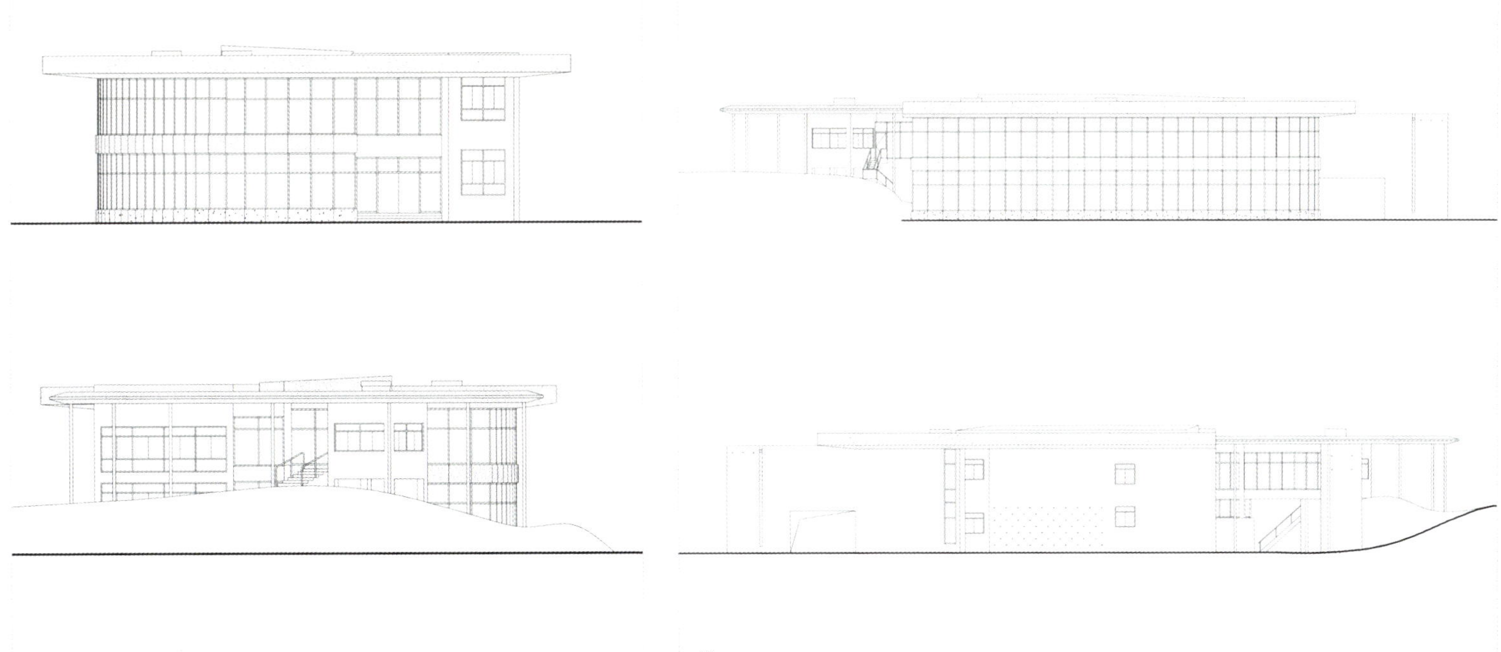

10　大厅入口
11　立面-01
12　立面-02

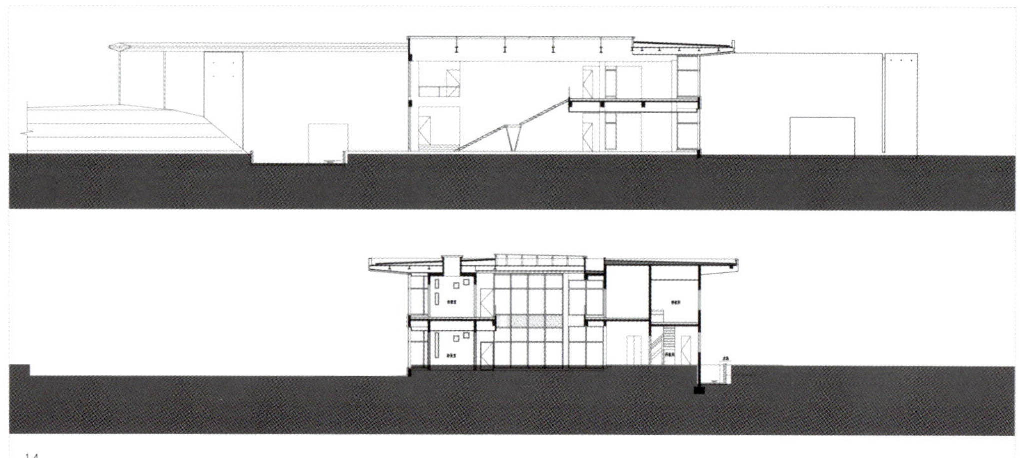

13　洽谈室
14　剖面

15–16　中庭

1　效果图

富力城售楼处

项目名称：富力城售楼处

业　　主：富力（北京）地产集团

设计单位：凯达柏涛（北京）建筑设计咨询有限公司

广州住宅设计院（富力集团附属单位）

设 计 师：凯达柏涛：郑玉良、刘克峰、冯志业、刘勤、黄瀛

富力集团：董学奎、陈永华

工程地点：东三环双井立交桥西北角

总建筑面积：2081m²

建筑层数：2 层

建筑总高度：15m

结构形式：钢桁架椭球

建筑外墙面材料：立边压型钢板

点式玻璃幕墙

建筑内墙面材料：保温层喷涂

建筑天花板材料：聚氨脂保温喷涂

建筑地板材料：组合楼板上铺大理石嵌玻璃马赛克

设计日期：2002 年 9 月

施工日期：2003 年 3 月

2　室外喷泉

3　外景

4–5　夜景效果图

6–7　室外实景

8

“彩蛋”售楼处

当人们经过双井立交桥的时候，无不被西北角上的一个彩蛋建筑物所吸引，并会好奇地问，这是什么？现在富力城售楼处已成为附近居民家喻户晓的标志。

售楼处功能本身决定了售楼处是一个吸引人的临时建筑。我们的设计理念源自英国一些壳体的仓库建筑，这些仓库由混凝土浇筑的壳体，具有造价低、施工快、跨度大的特点，很适合售楼处的大空间要求，而彩蛋形象也很有视觉冲击力。“蛋形售楼处”这个独一无二的概念即刻获得了业主的认同。

现代建筑理论常常引用老子的“埏埴以为器，当其无，有器之用”，意思是说，做一个杯子，并不在于杯子的壁，而在杯壁围成的空间。以彩蛋来说，我们做一个“蛋”，所用的是“蛋壳”所围成的空间。然而富力城的“蛋”却给了我们另外的启示。售楼处的功能都是大同小异，引起轰动却是这个蛋壳。其实英国人的“蛋”，是一个混凝土壳做的“蛋”，它的建筑工艺也是建筑师的一个专利。这也说明做壳的重要。

或许是因为老子的上述名言，中国建筑师多讲空间，而忽视构成空间的壳。美国建筑师文丘里在20世纪60年代的名著《向拉斯韦加斯学习》中，用“鸭子和带装饰的棚子”的比喻，来说明建筑外皮的重要和其本身的意义。其实中国传统建筑的美也在于木构造的壳。建筑的构成是现代建筑的另一精髓，材料、工艺、构造是现代建筑运动鼻祖包豪斯学派的重要实践，而现代运动之后的“后现代”、“解构主义”大多也发生在建筑外壳的构筑中。

在富力城售楼处的设计中，我们不但要创造出一个满足各项功能的空间，而且要做一个美丽的壳。

首先我们和结构工程师配合，用钢桁架组成了椭球的骨架，这个钢结构系统体现了工程与力学的合理性和逻辑性，骨架上面铺金属屋面并局部开有玻璃幕墙及天光，最后金属屋面上则出人意料地涂了迷彩，做成了人们所看到的彩蛋。

在紧凑的场地上，开出一椭圆的水面，蓝色水面之上则浮动着一彩色的椭球。人们可以通过前庭，跨过一精致的小桥进入“彩蛋内”。对着小桥则是蛋壳的透明部分：点式玻璃幕墙。为了加强彩蛋的动感，彩蛋朝立交桥方向稍翘起。所以实际上这不是一个四平八稳的彩蛋。

双曲面翘起的椭球当然为设计施工提出了更高的技术要求。

8 穹顶

9　楼梯

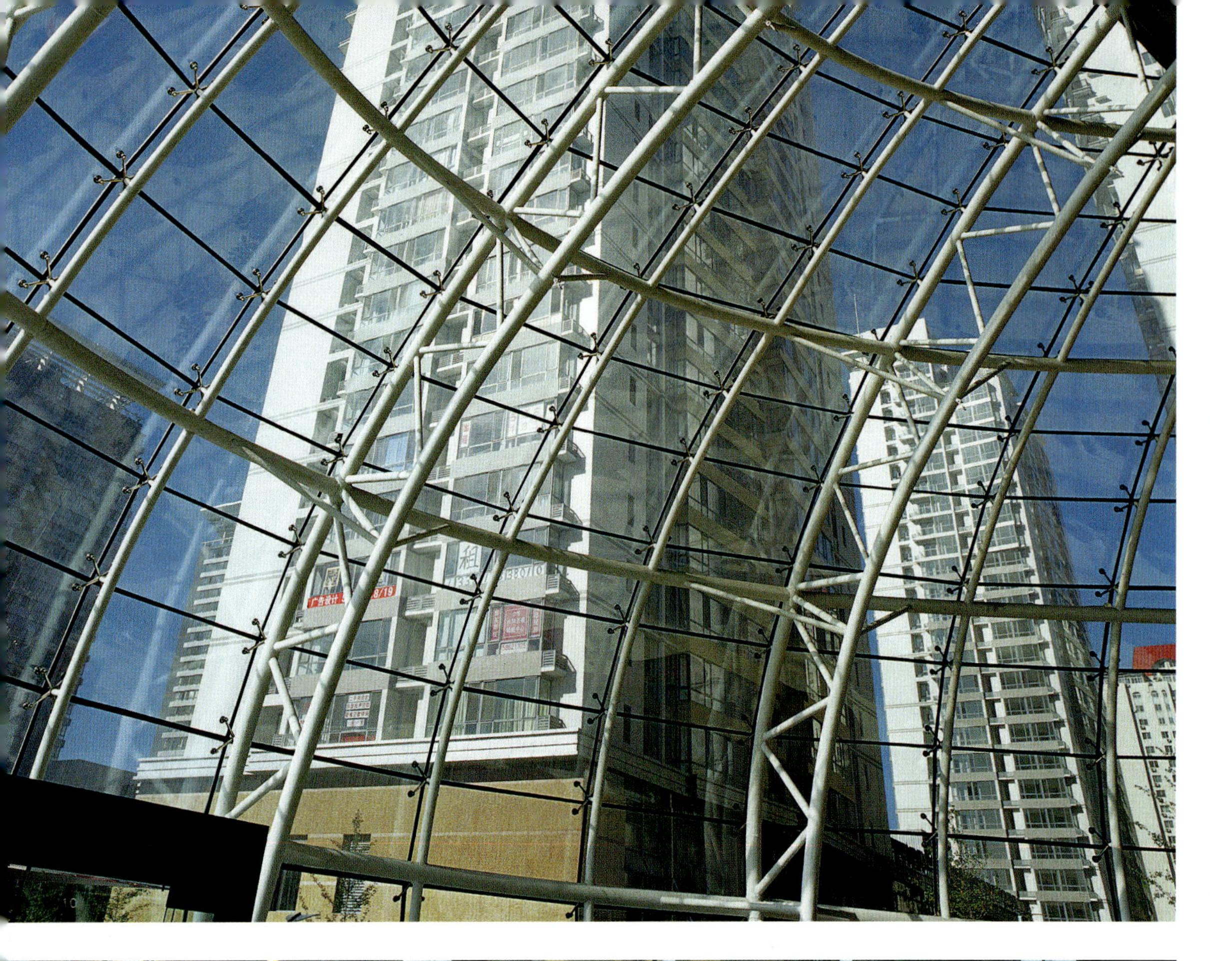

如果采用圆弧拼成近似的椭球，则许多构件可用标准化的模板，为工程的设计、制作、定位、安装、施工带来极大的方便，降低了成本，并对造型影响不会太大。这也许对其他正在设计和建造的“蛋”有一定的借鉴。

层面维护结构则采用了立边钢板，内保温的做法。立边从上到下放射性排出，给“蛋”一定的厚度和质感，工艺上排水也较易解决。至于蛋上的“彩”，则是富力集团的设计师们在审阅效果图时的灵感 。大家也曾有一段纯色的“紫蛋”或“银蛋”的比较，及如何上“彩”的面层做法的探索 。通过反复推敲，最后确定了喷漆的做法。漆的质感、色泽基本上也反映出透视图上的效果，创造出了明快 、活泼的整体气氛。

彩蛋内部有2层，上层为销售大厅，下层为样板间及机房。售楼处室内空间按照楼盘销售的流程组织。沿着玻璃廊桥进入透明的门后，迎面是黑色花岗石照壁。从照壁瀑布流下的水流入大厅内的水池并与室外水面连在一起。人流沿一玻璃螺旋楼梯上到二楼大厅，内设模型、展板，接待处，洽谈区等，再沿后面楼梯步入下层样板间区，目前设有三个户型的样板间。走出样板间，人流到入口处，有意选购者可再上楼洽谈，或者离去。

椭球的内部，构成了一个强烈向心的独特空间。顶棚和墙面是一个连续的弧面，不再有墙和顶棚的感觉。暴露的钢桁架结构则组成了严谨统一的几何图型，照明筒灯、吊灯则嵌入这个几何图案内。地面则以玻璃马赛克嵌花与天棚相对。

走出室外，仍会感受到“蛋”所充据的氛围。椭圆的水池里喷放出音乐控制的水花组合，大电视屏幕不断播放着最新消息，五颜六色的激光束在夜晚射向天空，建筑也远远超出空间、构成、装饰的范围。富力城售楼处也成为本地一个开放式的公共广场，被广大居民所享用。

作为一个短时间内设计并完工的临时建筑，富力城售楼处在一些方面并不是尽善尽美的，但在许多方面作出了有意义的探索。当我们在纷纷攘攘的地产建筑大潮中若有所思时，对于建筑的本质，有些新的领悟。（文/刘克峰）

10　吊顶一角
11　楼梯全景

12　入口大厅

果岭 CLASS 售楼处

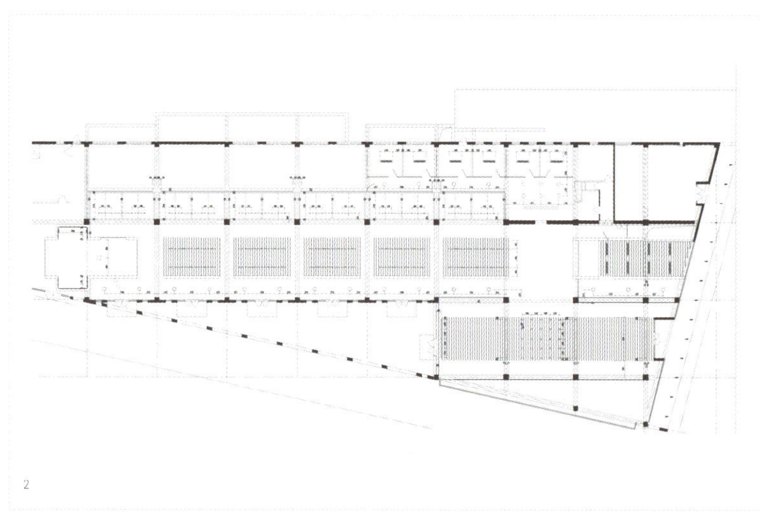

项目名称：果岭 CLASS 售楼处

业　　主：北京世纪春天房地产开发有限公司

地　　点：北京望京科技开发区 31 号、32 号地

方案设计：原景・视觉建筑工作室

设 计 人：兰闽、钟志怡、姚晓哲等

室内设计：原景・建筑工作室

施工图设计：北京中天元工程设计有限公司

建筑材料：外墙：陶土面砖，铝塑板；室内：素混凝土（地面、顶棚、柱），穿孔铝板（墙面），木材（隔断墙、吊顶格栅），热轧钢板（家具），织物（墙），玻璃

设计时间：2002 年 7 月 – 2003 年 4 月

完工时间：2003 年 6 月

摄　　影：陈溯

1　效果图
2　平面图
3　外景
4–5 CLASS 立面图
6　样板房

果岭CLASS的销售接待中心设在小区一座配套商业建筑的首层。对这座建筑的设计是设计师认为在整个CLASS项目设计中最轻松的一部分，因为比起住宅的设计，功能上的约束要少得多。

首先进行的是外部设计。在接手这个任务的时候，项目已经进行到了一定阶段：规划设计中被假定的体块形状已被开发商具体化，而且已经由施工图设计单位确立了柱网结构。设计者的任务是为这个大概齐的体量赋予形式，从而使它具备性格和表情。具体工作可概括为两个部分：首先是整形，把原来不知道为什么被砍掉的部分补齐，形成完整形态下的一些模糊部分，遗憾的是新增的顶部由于某些原因在施工中被“简化”了，使得这部分没太模糊起来。接着是基于材料的细节设计，出发点在于既协调于住宅建筑群又引人注目。为了保证零售和整售时各个“门脸儿”的可分可合，导致了建筑的正立面反而不如其背立面完整，不过这一点除了将来的业主恐怕没什么人会发现；另外内行人或许会注意到砖片的贴法有点怪，原因是不知哪里出了差错，施工时把部分排砖法及砖色分类搞错了，发现时已贴了半栋楼，整整齐齐的，实在不忍心摘下来。

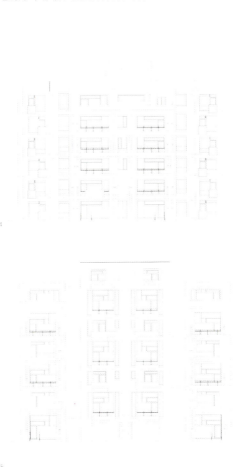

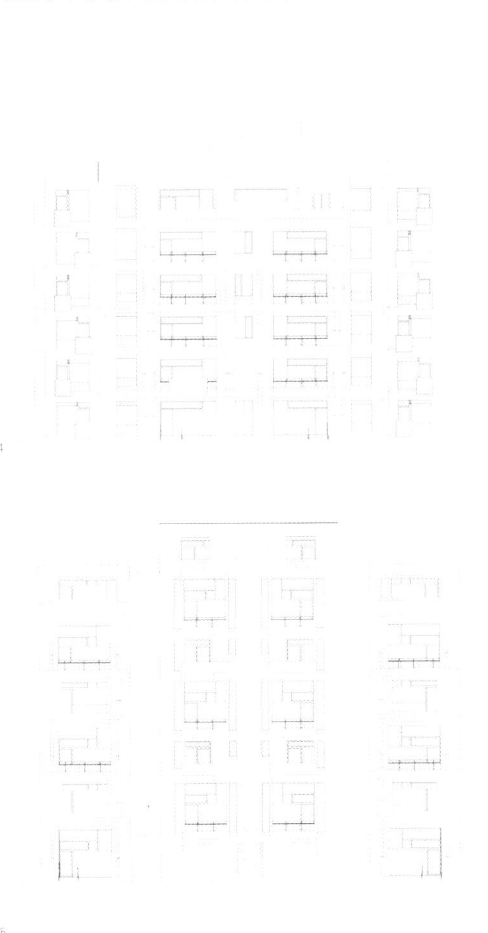

4

5

6

决定设计销售接待中心的室内源自于心里的一个感动，这个感动来自于我去年旅美途中偶然走进的一座建筑 —— 路易斯·康设计的位于纽黑文的博物馆——所带给我的瞬间的震颤。这种震颤是如此强烈以至于需要多人分享才可承受。几个月后，我终于把这个感动通过这座售楼处带给了更多的人，虽然两者形式差之千里，但在我而言，其神相通，十之八九。开句玩笑：假如有人对我提到的这个作品想看又嫌远，不妨先来看看这个售楼处吧，意思差不多。

玩笑归玩笑，倒真有评论说这个售楼处像博物馆。事实上我认为二者的使用性质本身就存在多处共性：展示物品；建筑本身也应成为艺术品而具有号召力；所服务的人群大多一年也就来两三次，并且不会在此居留甚至不会长时间驻足。因为这一原因，我认为售楼处空间中的其他功能，如舒适性、人情味、工作人员的办公场所等等都可退居其次，一切服从于空间的形式，只有形式才能帮助这个空间完成它存在的使命：带给人震憾和冲击，流露项目的品位与审美，形成口传性吸引目标人群，最后才是：它的基本功能——介绍要卖的房子。

7 样板房
8 室内一角
9 CLASS 立面

设计中有两类手法为我所偏爱：一为"尺度"，通过蓄意地改变某些尺度创造特别的形式。大尺度令人震憾，在错愕中产生激动和崇拜。它使我决定通过两个巨大而空旷的厅形成主要空间。大尺度不同于等比放大，须在以常用道具提示其比例的同时，减少附加元素对主体的干扰。另一类手法是"最少变化"，在研究室内空间中视觉元素的多少时，我是从无到有一点点增加来推敲的，这一原则对于该项目尤其必要，因为销售接待中心的用房是准备出售的，这意味着我们在这个混凝土框架里堆积的东西一年以后会像垃圾一样被清除。既然如此，从"厉行节约，反对浪费"的观点出发，加进去的东西越少越好，事实上即便单就设计本身而言，我认为这也是一个可执行的方法。曾被我质疑的并从设计稿中删除过的元素包括：木墙上的小孔，植物到现在除了入口处的竹子以外在我一再的游说下基本上被搬空了，甚至连幕墙上的六幅巨大的CG作品：由于是我们负责创意、制作并可单独收费，终以"为了雅俗共赏"为由留下了。

（文／兰闽）

10　模型展示区

11

12 模型展示

13　洽谈大厅

14 洽谈区全貌

15

15　洽谈区
16　壁画

1 外景
2 总平面图

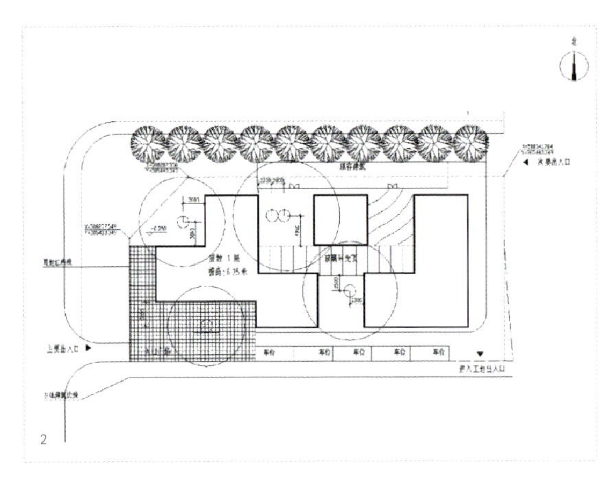

项目名称：光华国际售楼处

业 主：北京龙泽源置业有限公司

设计单位：北京方略建筑设计有限公司

方案设计：杨楠

现场服务：马森

施 工 图：段静芳

建筑面积：1200m²

结构形式：钢结构

建筑材料：钢结构外挂洞石，铝合金明框玻璃

完成时间：2003 年

做售楼处设计对建筑师来说是一种特殊体验。通常，售楼处用地虽然有局限，但设计条件都很灵活。正因为可选择的余地大，解决的办法多，设计的指导思想就更为重要。

“光华国际”项目为纯写字楼，售楼处的地段是一块绿地，绿地内保留着几棵水桶粗的大树。开发商希望以这块绿地作为一个切入点，项目要突出办公与环境的相互和谐即 Office in Park（在公园里办公）这样一个主题。我们的思路是，当一个人走在建筑中却没有意识到建筑的存在，突出优美环境。为此，设计在玻璃盒子上做减法，把绿树围在当中，玻璃外墙和天窗模糊了室内外空间的界面，让绿色延伸至身边。在四棵大树的掩映下，"光华国际"售楼处毫不喧闹甚至不起眼，但走近、走进，渐渐感到一种平实和温情，空间与室内设计相得益彰。

售楼处有两个服务的对象，一个是购房者，一个是待售楼盘。它是促销的招牌、广告板，它应该是"喧宾夺主"的，但它又是待售的主体建筑的附属品，应该是从属地位，一脉相承的。这似乎看起来有些矛盾，解决好这个矛盾，就是设计成功的售楼处。

（文／杨楠）

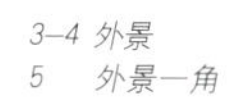

3–4 外景
5 外景一角

6

7

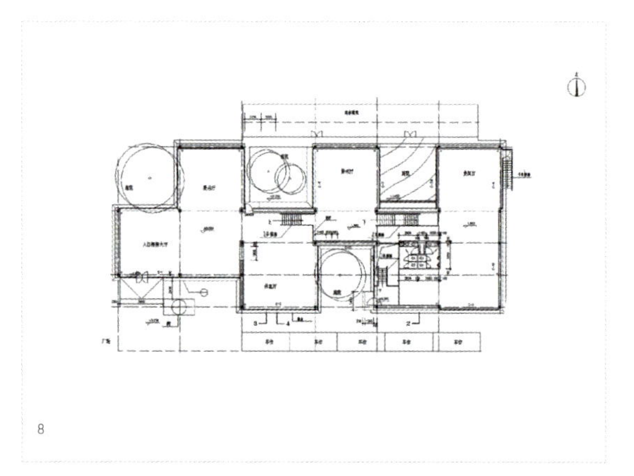

8

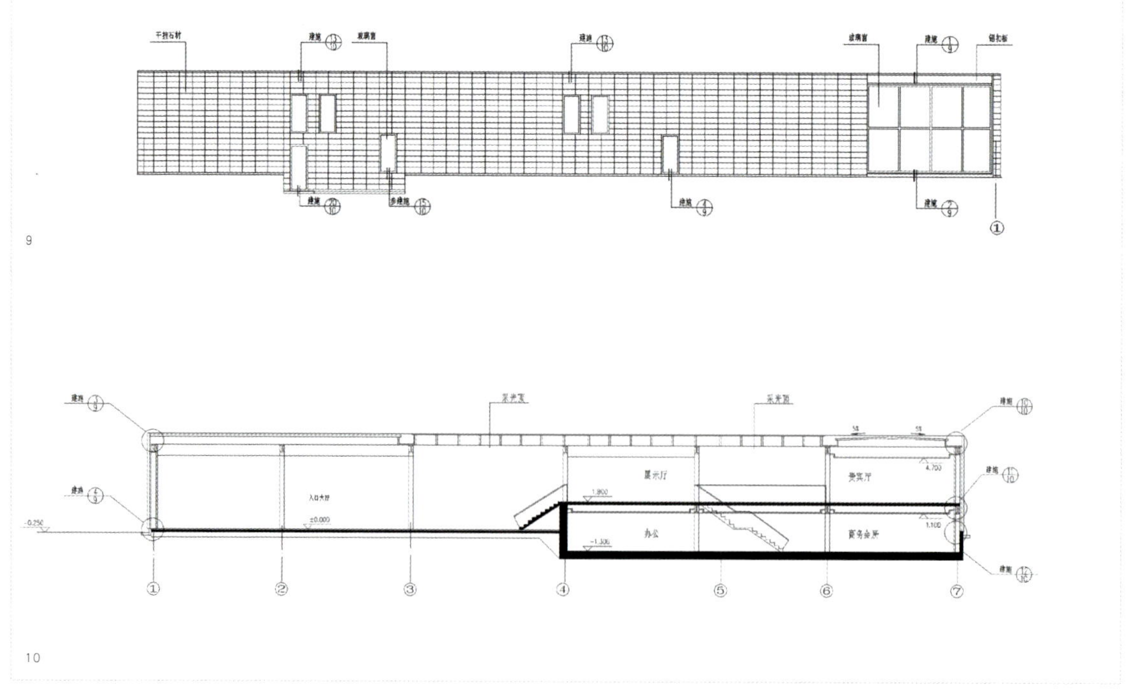

9

10

6　楼梯
7　外景
8　平面图
9　北立面图
10　1–1剖面图

11　　西立面图
12　　东立面图
13　　2–2剖面图
14　　3–3剖面图
15　　4–4剖面图
16　　入口大厅
17–18　室内一角

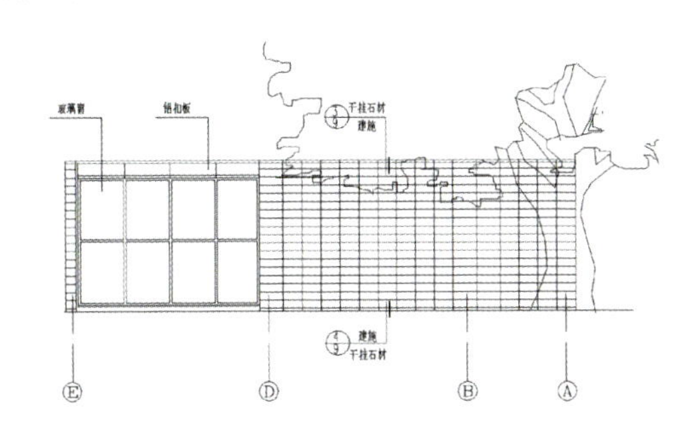

11

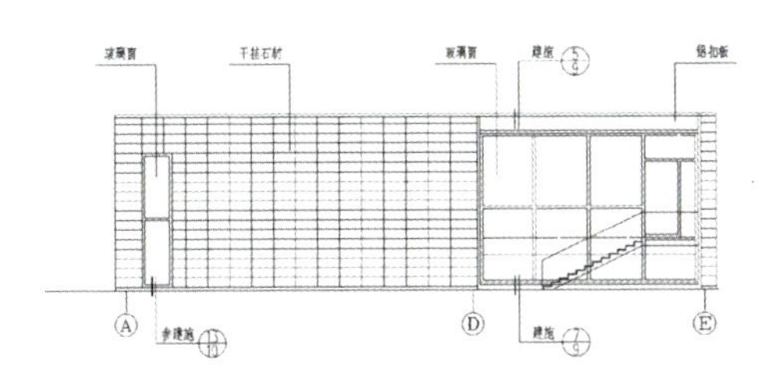

12

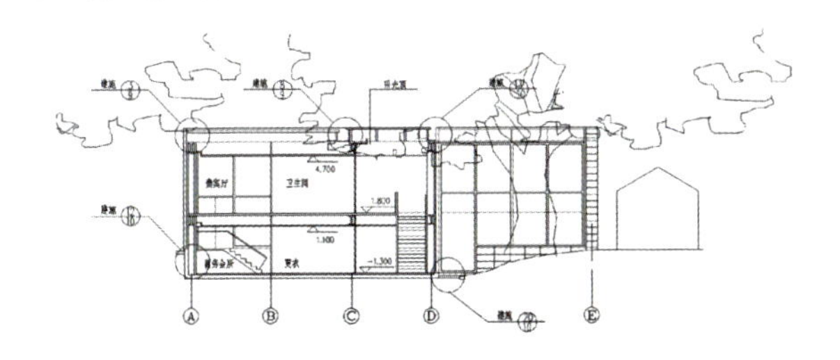

13

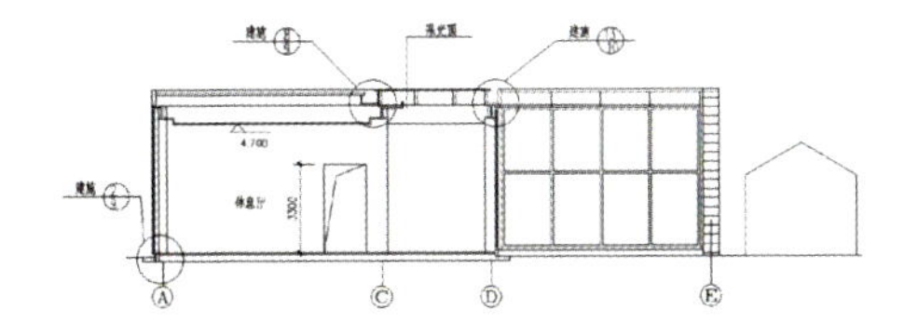

14

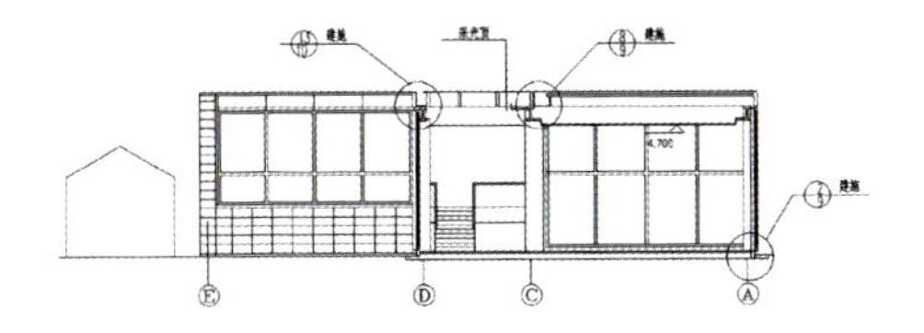

15

16

17

18

项目名称：置地星座售楼处

业　　主：华润置地（北京）有限公司

建筑设计：URBANUS 都市实践建筑设计咨询有限公司

主持建筑师：王辉

项目小组：王琨、丁钰、潘大立、卢剑

施工图设计：北京新纪元建筑工程设计有限公司

沈帆、刘玥

室内设计：阿珞室内设计有限公司　张颂光、熊可玉

项目地点：北京西城区华远街

项目规模：920 m^2

建造年代：2002 – 2003 年

摄　　影：杨超英

1–7　模型

URBANUS　都市实践

置地星座售楼处

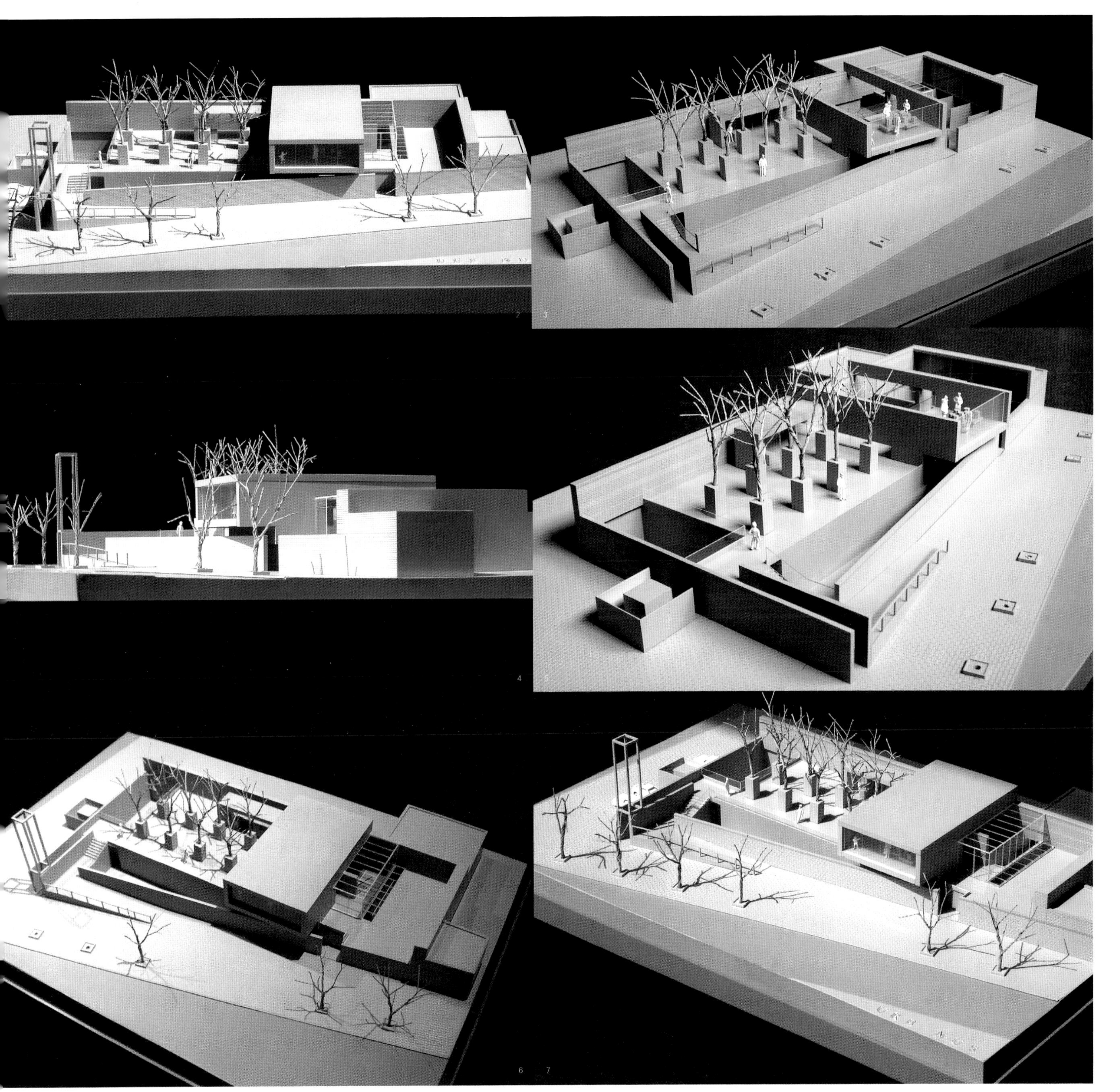

中国快速发展的城市化，忽略了城市的性格保护与培育。设计速度比不上建设速度，势必使开发变成范式的简单重复。不仅仅单体建筑如此，城市亦如此。在如今全球化的趋势下，不仅是中国的城市没有什么个性，整个世界的城市也都千篇一律。这种千篇一律的一种表现是城市的商业化。整个世界的城市发展都挤在商业城市的独木桥上，沿袭同一种模式。￥ £ $ 把世界统一到金钱的度量衡之上。

产生城市的动机之一是商业，但并非所有的大都市都很商业化。中国古代的都城是非商业化城市的典型代表。王小波的小说中所描绘的唐长安的里坊非但是没有生机盎然的市井生活，简直就是一个集中营。这种都市性格一直沿续到旧北京，它是一个以居住为主的城市，商业极不发达，在寂寞的街巷中偶尔能听到游牧的商人的吆喝。

当人们大谈旧城保护时，无论是昨日讲的加大屋顶，还是今天时髦的保留胡同，都很少有人涉及去保护城市的性格。

旧北京城的消失不仅仅伴随着胡同的拆迁、道路的拓宽、高楼的林立，还伴随着单体建筑的城市性格的蜕变。老北京城的建筑不是一般的建筑，这个城市给了它内向的性格，它绝然不同于如今耸立在北京街头的一幢幢外向的新建筑。老北京城不乏惊心动魄的事情和能够翻江倒海的人物，但不论是人还是事，都隐没在院墙之后，而从不昭显于街巷之上。"五四" 以后，一些政治事件动辄引人 "上街"，恰恰证明了街上在平素的冷清。**老北京城可以被定义成政治的城市、文化的城市、居住的城市等等，但它绝不是商业的城市。在老北京城，绝大部分的街巷立面是没有窗户的院墙，街上没有商业活动。居住的活力是透过敞开的院门渗透到街巷上，而这个门背后永远沿着一道令人琢磨不透的影壁，北京的建筑是墙的建筑。**

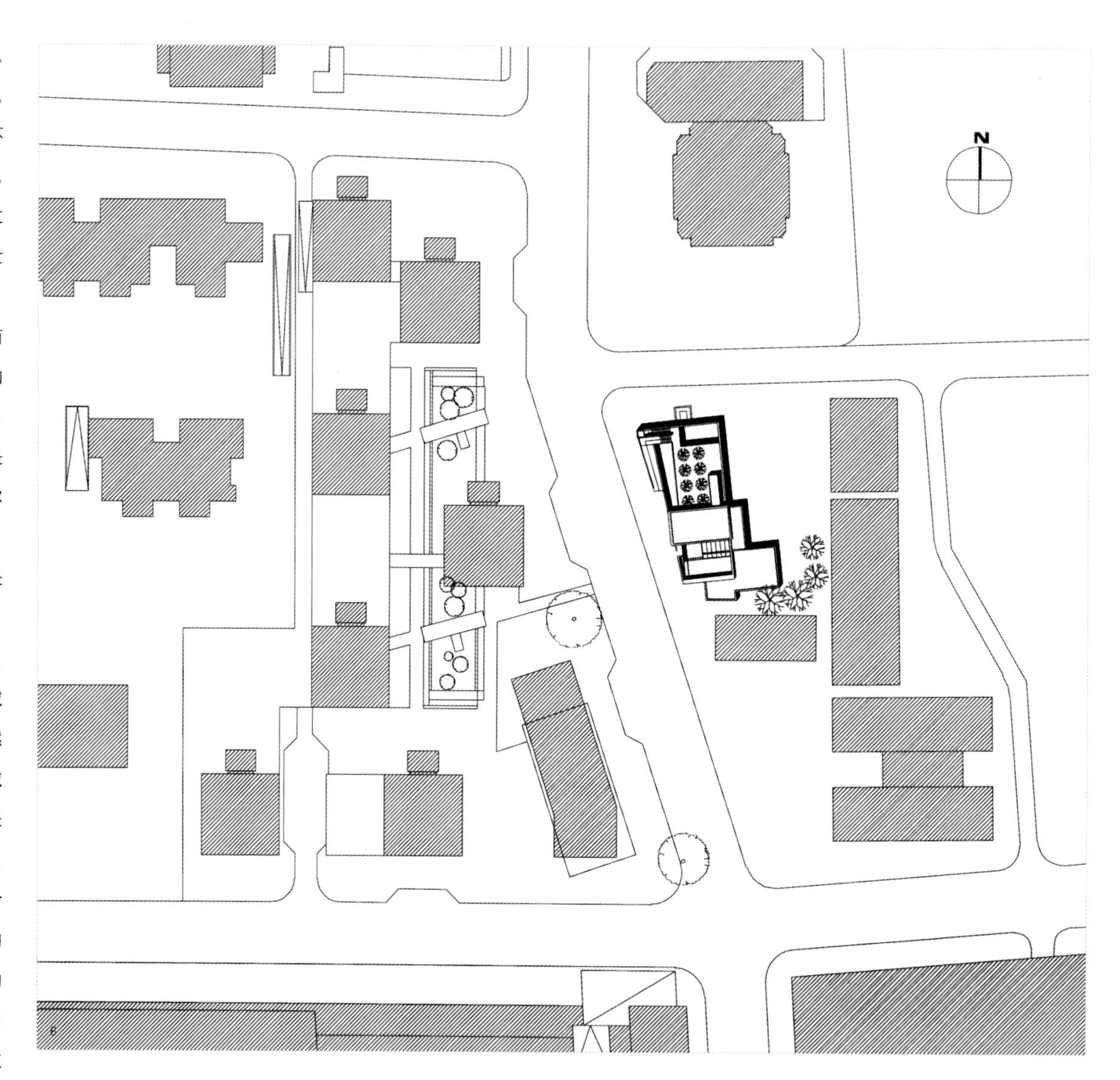

8　总平面图

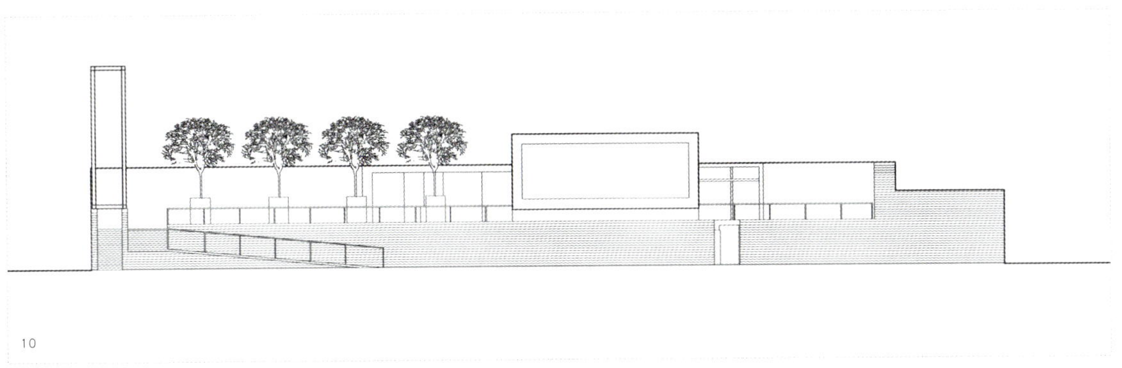

9　主体楼
10　立面图

11　首层平面图
12　底层平面图

华润置地开发的"置地星座"项目售楼处的设计为我们研究在新的城市条件下延续旧城的性格提供了机会。

开发商租借了工地马路对面的一块空地作为销售中心。Urbanus 都市实践在承接到这个项目中面临着几方面棘手的问题：第一，建筑高度不得超过6m；第二，针对项目的整售而不是零售状况，这个销售中心不是一般的商业空间，而更是一个文雅的俱乐部；第三，它与置地星座楼盘本身有内在的关联。

置地星座位于西单往西的一条新辟的小街——远街，其名称已经显示了这是开发商的战果。十余年前，这里还是盘错交结的胡同群，而如今则是平坦的街道和大片拆迁后等待开发的处女地。由于整条街尚无商业街存在，目前格外地宁静，比之于什刹海一带商业化的胡同群，它更有老北京胡同的风韵。而这种风韵也至多保留到置地星座落成的那一天，因为这个项目的底层是个活泼的商业街。

开发商在场地的马路对面临时征用了一块城市绿地作售楼处，建筑高度不得超过6m。由于位于北京的政治经济核心圈，与繁华的西单仅一街之隔，与长安街百步之遥，过分优越的地理位置反而让开发商在其定位上举棋不定。历经近十年的研发，该项目锁定在公司的总部办公或高级公馆的目标上，并以整售独栋楼的形式，寻找有限的买方，因此它的售楼处更像一个会员制的俱乐部，仅接待为数有限的客户，而不是像门庭若市的公共超市。这种功能和区位的特色使建筑师获得了一种灵感。

业主所期待的售楼处的气质恰恰是老北京外敛内放的建筑性格，而这种性格与华远街当前的状况非常吻合：空荡、宁静的华远街应当拥抱具有老北京城市性格的建筑。一旦像置地星座这样的商业开发开始拥有这条街之后，它的宁静也不存在了，那些有老北京特性的建筑也只能让位于更有生产力的新型商业建筑，而这时售楼处也寿终正寝，完成了它的销售功能而返还绿地给高密度的商业街。届时，售楼处和这条旧街的安乐死仪式将化作新楼盘诞生的庆典。

这种时间上的契合使售楼处的存在更有一种纪念老北京城市性格的意义，从而赋予它超越功能之外的建筑学意义。

这一思路产生了设计的逻辑：沿街是一面长墙，虽然没有敞向街道的窗口，但像所有北京的墙一样，总是有意识地引导

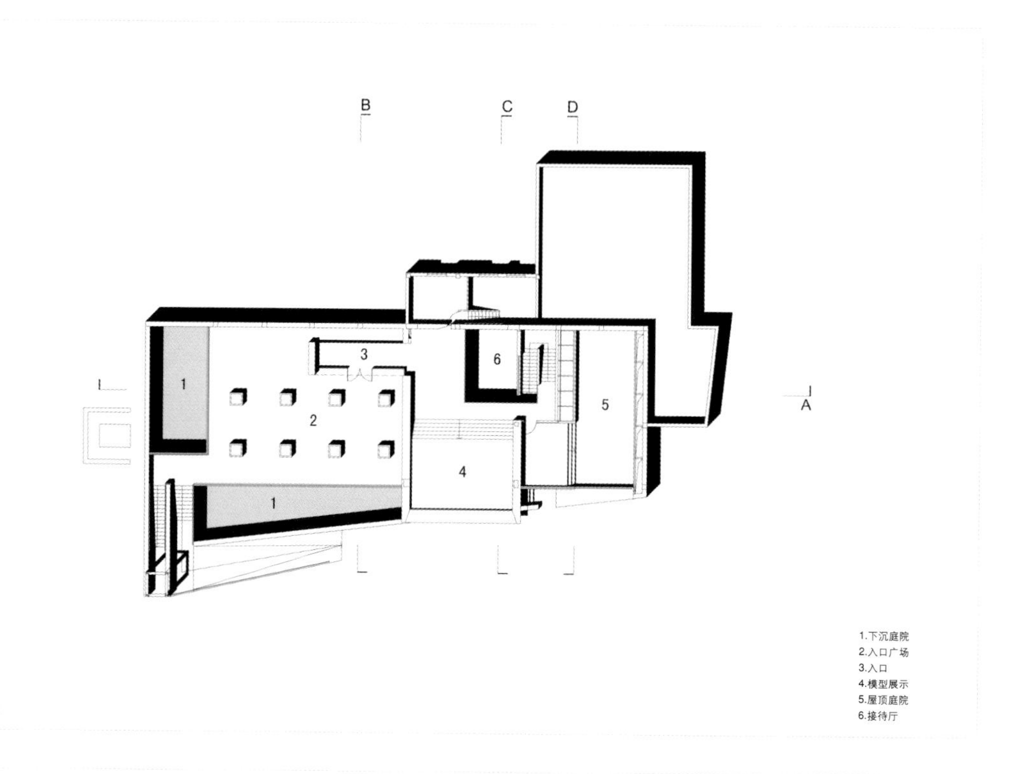

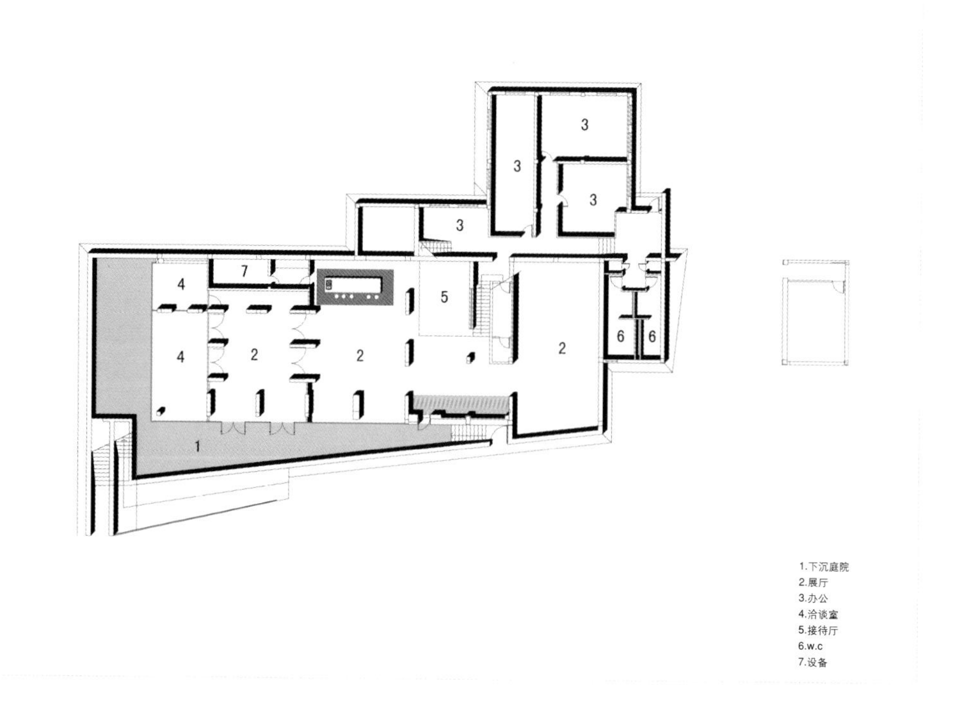

13　全景
14　入口广场
15　剖面图A—A
16　剖面图B—B

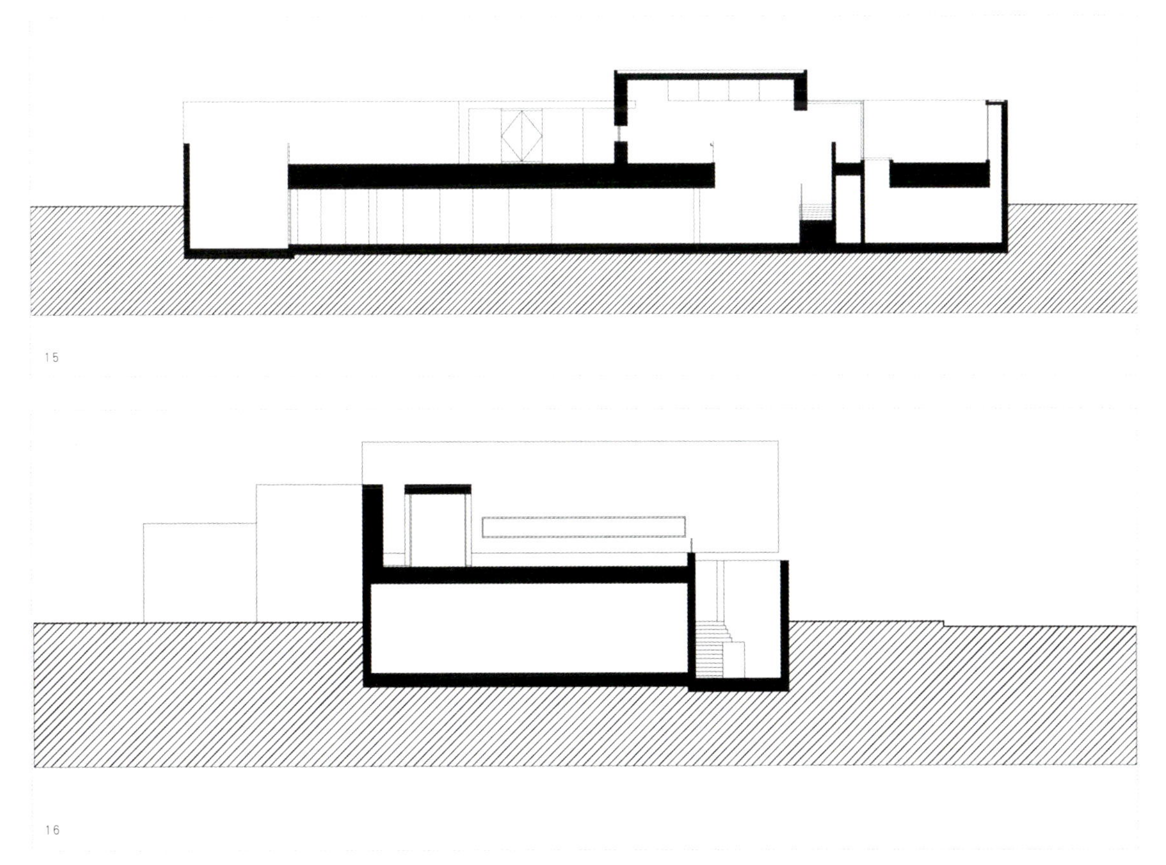

人走向墙的背后。因此，一条引向墙后面去的坡道和一座台阶形成了。当人们被引到离开地面约1米多的标高时，墙后面的下沉式的庭院和屋顶上的院子呈现了，它隐藏了一个世外桃源，售楼处的魅力也显现出来。

如北京四合院的不同进院子各有特色一样，这些院子有不同的性格。

屋顶上有两个院子：北端的前院和南端的后院。前院设计成种满了立在高墩之上的树阵，目的是由连理的树冠覆盖成一个有顶的院子。这是一种烂漫的想像，用屋盖去界定敞向城市的院子，晚上屋盖上的满天星成了发光天棚。遗憾的是树池的数量被风水师裁剪了，使阵列不成，而树池的尺寸亦不是设计尺寸，比例不雅；更遗憾的是不但树种不理想，树也从来没有成活过，使原设计的意境未能实现。

后院是三面围合敞向华远街的小空间，窄且深，它不被街干扰，却可以很好地品味街上过往的景致。作为尽端空间，这是一个开party的院子，遗憾的是从来没有放置过可以使人坐留的室外桌椅。

两个下沉的院子倒是很好地实现了设计的意图：由于院墙很高，进深又浅，只留了一线天，使包围在院子中的整个下层空间显得格外地超然于世，不受尘世干扰，而成为幽辟的清谈

17

18

19

20

17　外景台阶
18　屋顶庭院入口
19　外景
20　外景一角
21　剖面图C-C
22　下沉广场

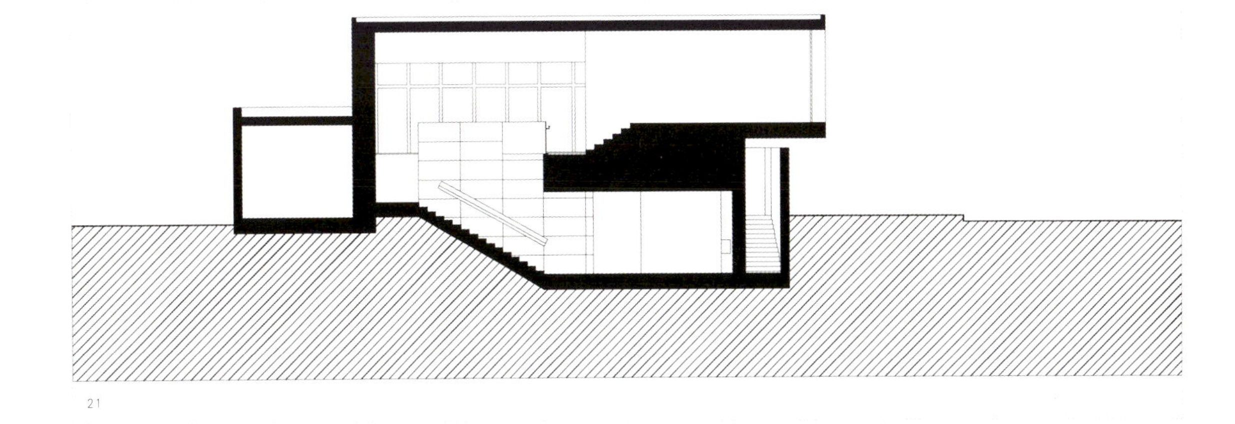

21

22

23　室内
24　楼梯一角

雅居之所，亦即达到了开发商所期待的一种氛围。这种气质也是传统的北京四合院中所特有的，但它不仅仅属于四合院这一形式，也可以存在于更现代的形式与空间中。

几个院子构成了充满活力、又随天光变化而变化的空间元素，穿插、跳跃在不同的标高，并融到室内空间，使室内不再需要过多的雕琢。它们使整个建筑在一张漠然的外皮背后埋藏了无数的生机。

当然，置地星座售楼处也并不完全是消隐的，它的主体——一个红铜色的金属框——从街上望去十分醒目。整个售楼处的形式与置地星座并无瓜葛，但这个盒子却把两个建筑联系起来了：它只包含一个巨大的楼盘模型，这个模型摆在巨大的临街窗前，窗子对面就是日日增高的置地星座。从设计一开始，它便被称为“望远镜”。

置地星座售楼处的设计小中见大地反映了URBANUS都市实践的设计特点，即用批判现实主义的态度，重新诠释当前城市化条件下的建筑活动。（文／王辉）

25　楼梯
26　室内
27　洽谈区

五栋大楼售楼处

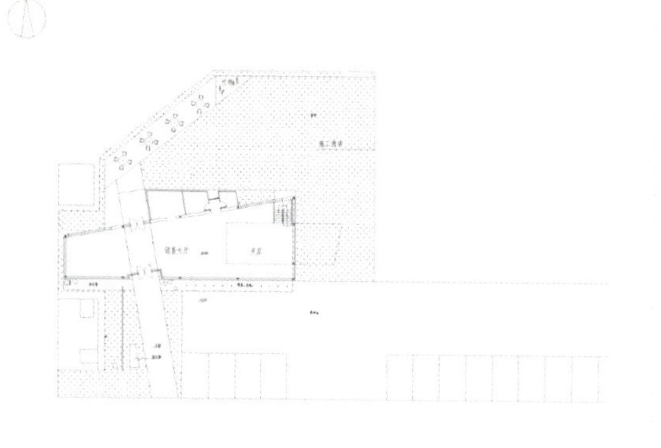

项目名称：北京五栋大楼售楼处

业　　主：北京隆胜房地产开发有限公司

建筑设计：北京三鸣博雅装饰有限公司

室内设计：北京三鸣博雅装饰有限公司

结构形式：钢结构、中空玻璃幕墙

项目地点：北京市西城区车公庄大街北里

项目规模：314m²

建造年代：2003 年 9 月

1 外景效果图
2 效果图
3 总平面图
4 首层平面图
5 二层平面图
6 实景图
7 外景效果图
8 实景图
9 实景图

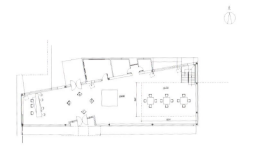

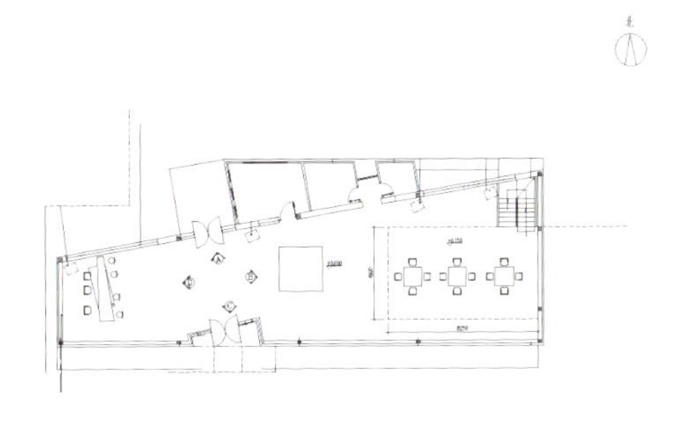

4

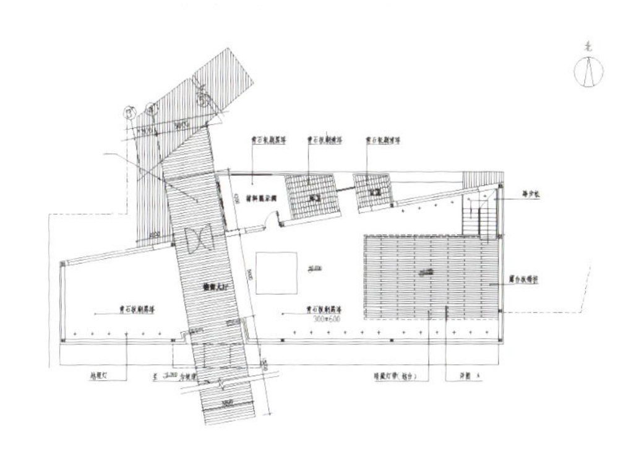

5

6

7

8

9

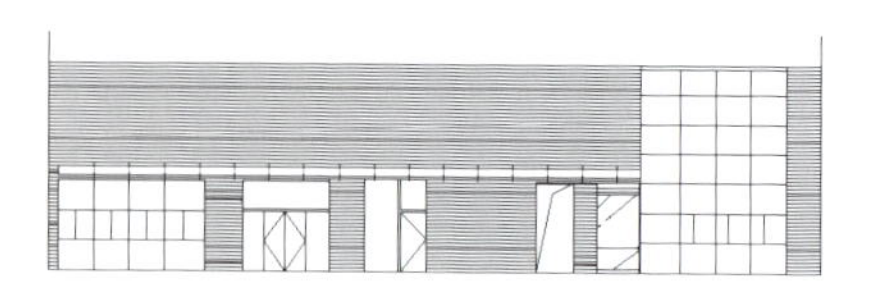

10　　室外效果图
11　　入口效果图
12　　室内效果图
13–14 室内效果图
15　　立面
16　　夜景

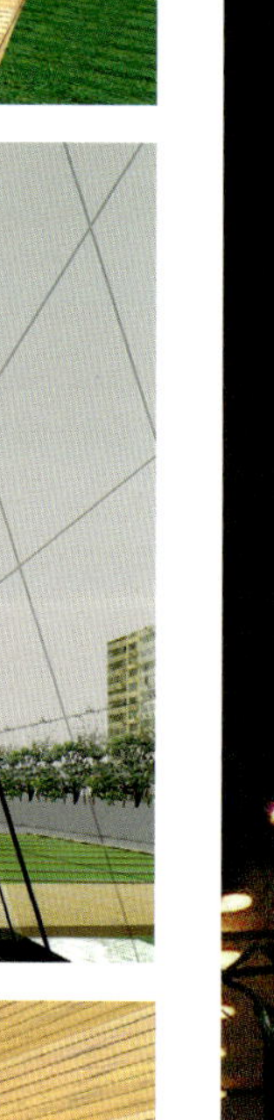

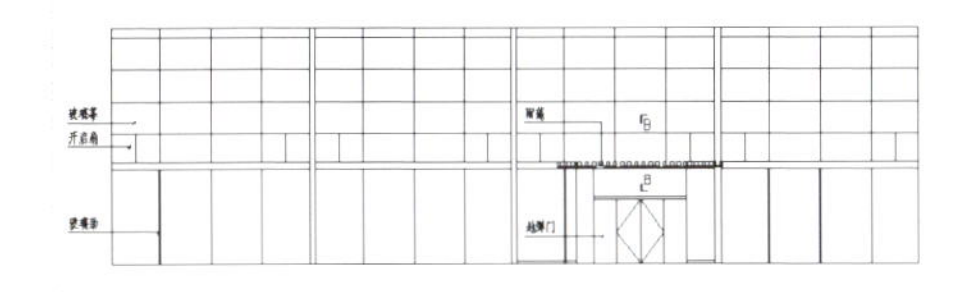

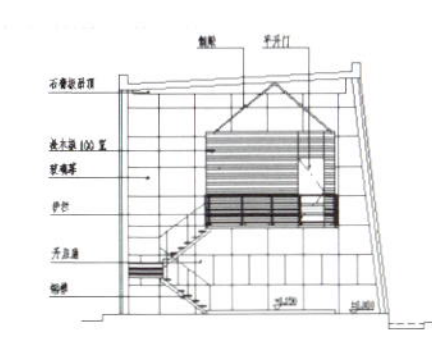

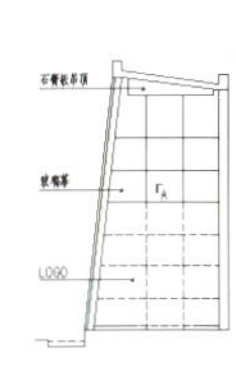

17

17　立面图
18　接待大厅
19　模型展示区
20–21 室内一角

22　接待大厅
23　入口一角

车公庄五栋大楼售楼处位于车公庄大街北里，为临街建筑，因工期紧、任务重、现场施工条件复杂，故施工方案采用独立基础加连系梁结构，主体钢结构框架，中空玻璃幕墙。在施工顺序安排上，基础开挖、浇筑与钢结构加工同步进行，钢结构厂外一次加工成型，现场采用锚固连接，在钢结构安装时，最大限度地为玻璃幕墙创造作业面，让玻璃加工、幕墙骨架安装与钢结构安装进行流水作业法。因适逢雨季施工，在钢结构做完屋面施工后，精装修随即展开工作面，由上至下进行吊顶、隔墙及地面的施工，并积极为室外绿化创造条件，有效地进行交叉作业，从而大大缩短了工期，保证了工程按期、保质地交付业主使用，受到业主及相关方的好评。

外形代表了一切

现代主义建筑的技术要求就表现为，强调功能，按理性逻辑由内而外的设计，注重应用最新技术与最新建筑材料；追求简洁、明快、抽象的几何形体，反对装饰，追求"新、光、挺、薄"；以空间组合代替传统的形体组合，并且主张建筑的外部形式反映内部功能，同样的空间采取同样的外形。

体块穿叉、虚实变化，许多简单的元素结合在一起。看起来它就像是黑夜里的航行者，它的外形表达了一种强烈的方向感，说不清它代表的是起飞前的那一刻，还是经过长途跋涉后降落的那一刻，只知道它代表了一种方式向另一种方式转换的那一刹那间的静止……

售楼处：

一个看似简单却又说不清道不明的概念。它卖东西，但是你不能说它是商场；它办公，但是你不能说它是写字楼；它展示，但是你不能说它是展览馆……因为这个说不清道不明，所以它对建筑形象提出了一个新的课题——太过商业则失了文化韵味，未免流俗；太过清高则失去了受众，未免孤傲。

售楼处的设计师是一位阅历颇丰的建筑师，有着商人、管理者、建筑师、室内设计师等多重身份，所以对售楼处有着深刻而独到的理解，一气呵成，用简单的材料完成了这个设计。

24　入口
25　入口局部
26　楼梯局部

秋日变奏：

沿着平安大街一直往西，穿过日夜喧闹的西二环，就能看见一条让人赏心悦目的马路——车公庄大街。这个季节，正是那里最美的时节，沿路的银杏金灿灿的闪着光芒，衬着蓝天，飞着落叶，如同一曲抒情的交响乐，缓缓的流动着。银杏树的中间，有一栋独特而不张扬的建筑——五栋大楼售楼处，沉稳、冷静地站在漫天飞舞的金黄里。楼盘的名字很有意思，简简单单，就叫五栋大楼，既没有时下流行的什么"广场"、"花园"，也没有借用什么传说、典故。它的售楼处秉承了这种风格，简单、直接、不事修饰。但是这并不是说它平淡，恰恰相反，这栋几百平米的小房子有着颇多的可圈可点之处。

原木：

最原始的建筑材料，温暖而富有亲和力。比玻璃厚重，比钢轻盈，中庸、谦和却又不可或缺。否则，玻璃太过直接，钢太过生硬，终究不够完美。也许是因为厌倦了各种各样因过于完美而显得枯燥的装饰面板，现代人越来越怀念那些有瑕疵但是可爱的原木的质感。因为木头和钢不一样，它是有生命、有感情的，那些纹理和疤点是树木生命的见证，也是它最丰富的表现。设计师在这里留下了所有的斑斑点点，不加遮掩也不加修饰，反倒使这座钢和玻璃的建筑因此而生动起来。落叶纷飞的时节，屋里的木头和屋外的落叶，就这样构成了一个耐人寻味的故事。

这个售楼处的身后，就是即将建成的五栋大楼，五栋比它高得多、大得多的大楼。但是，我始终觉得，建筑是不以大小而论的。就像文学巨著可以是长篇大论，也可以短小精悍。因此，私底下，就有了第六栋建筑，五栋大楼之外的小建筑。

透明玻璃：

通透、直接的沟通室内外空间，最大限度地满足销售必需的自我展示，却又把对自己形象的炫耀减小到最低限度。在看惯了形形色色的反射玻璃、彩色玻璃之后，设计师又重新回归到了透明玻璃的单纯和直接。玻璃的透明让光在建筑中肆意穿梭，从而使建筑的内部空间的氛围随着日升月落而时时变换着。

钢：

现代工业的产物，任何时候都传递着一种精细、理性的概念。因为精细，所以摒弃了波普文化的粗糙；因为理性，所以不卑不亢彬彬有礼。现代技术对建筑的好处就在于可以让我们尽可能精致细腻地完成任何一个细部构造，而这种精确的节点常常是体现建筑品质的关键所在，你可能感觉不到刻意炫耀的技术和施工，可是却能够在随意一瞥中，看到精心设计的栏杆扶手、丝丝入扣的细部节点，于细微处体现着建筑的高贵、严谨的品质。

（文/万志斌）

27　俯视大厅
28　项目总览

五栋大楼
售楼中心
五栋大楼
售楼中心

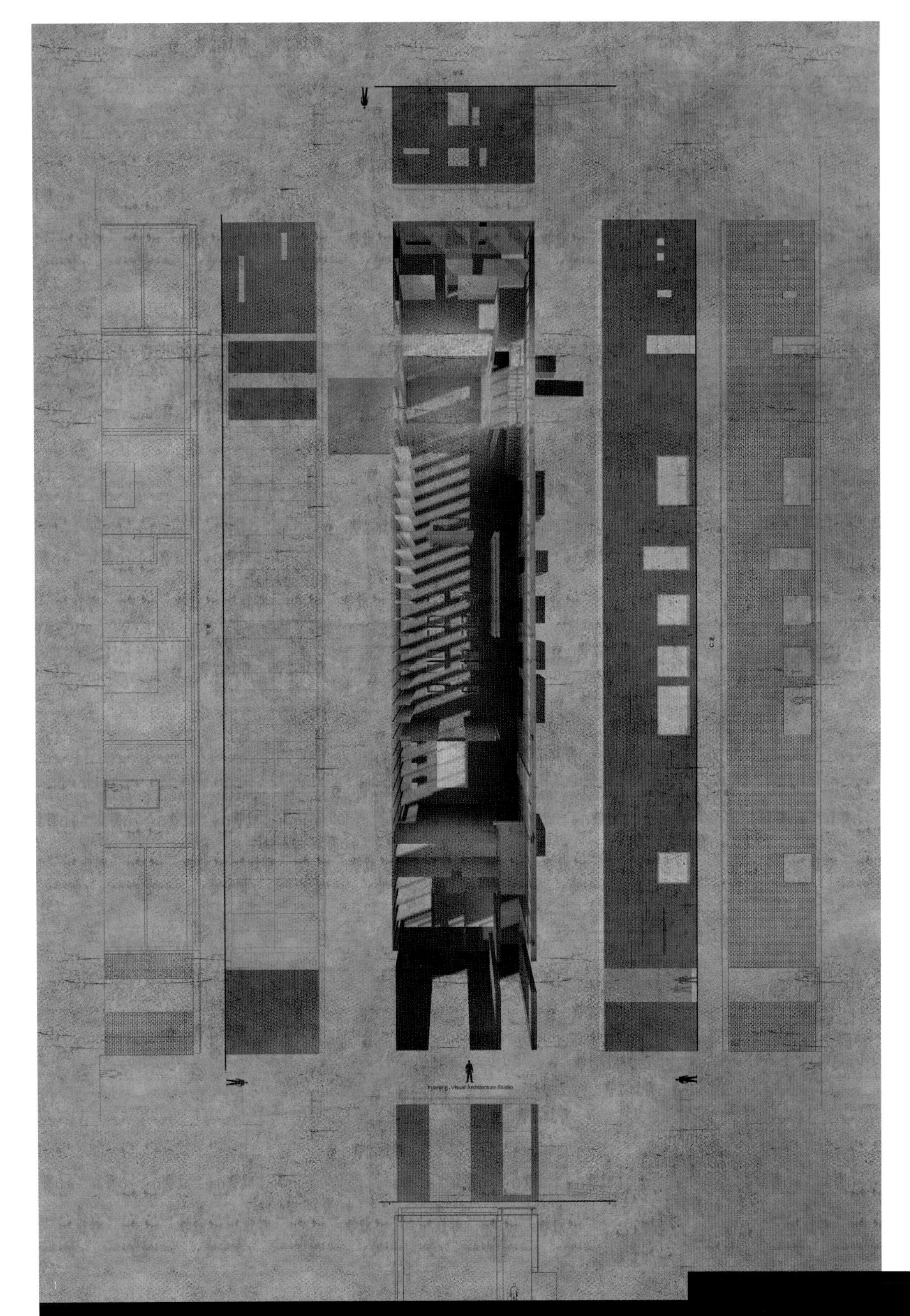

项目名称：傲城售楼处

业　　主：北辰实业股份有限公司

地　　点：北京市朝阳区北苑北辰居住区

设计单位：原景・建筑工作室、中外建工程设计与顾问有限公司

方案设计：兰闽、荆涛

建筑材料：外墙灰砖，钢，玻璃
室内灰砖(地面)，穿孔铝板（墙面)，热轧钢板（家具)，织物（隔墙)，铝格栅（吊顶）

建筑面积：约 900m²

设计时间：2003 年 11 月

完工时间：2004 年 4 月

摄　　影：陈溯

傲城售楼处

1 总平面图
2 局部
3 效果图
4 首层平面图
5 二层平面图
6 立面图
7 立面效果图

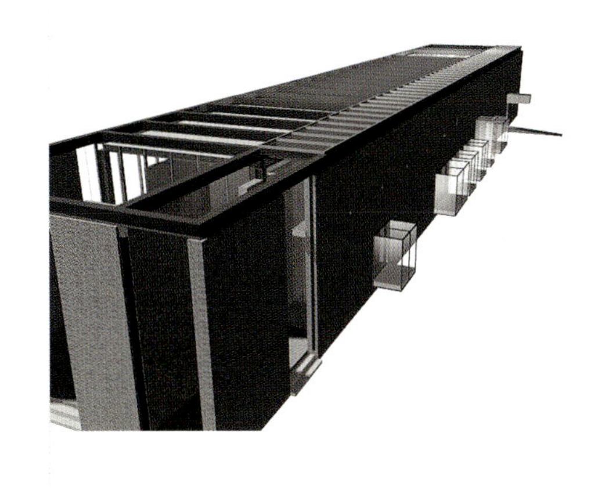

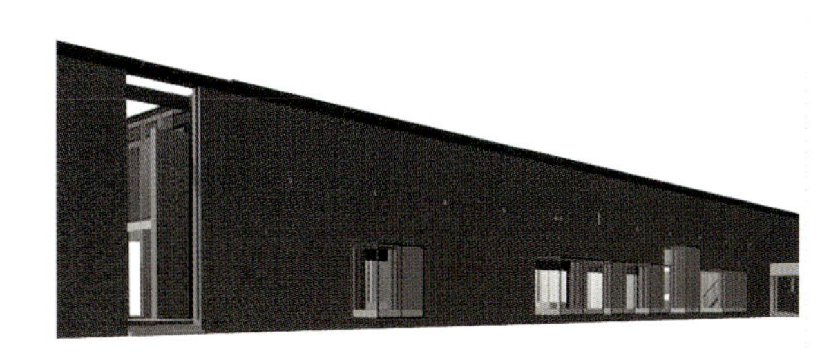

3

2

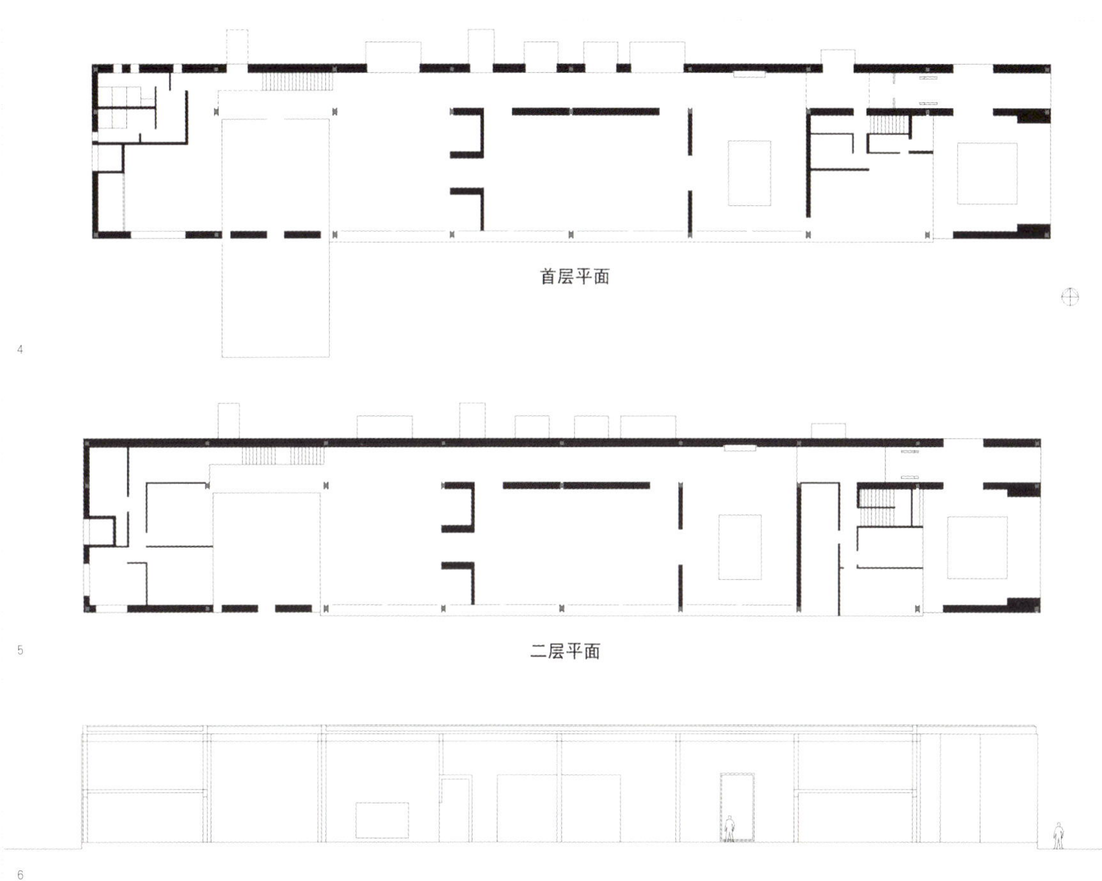

4

5

6

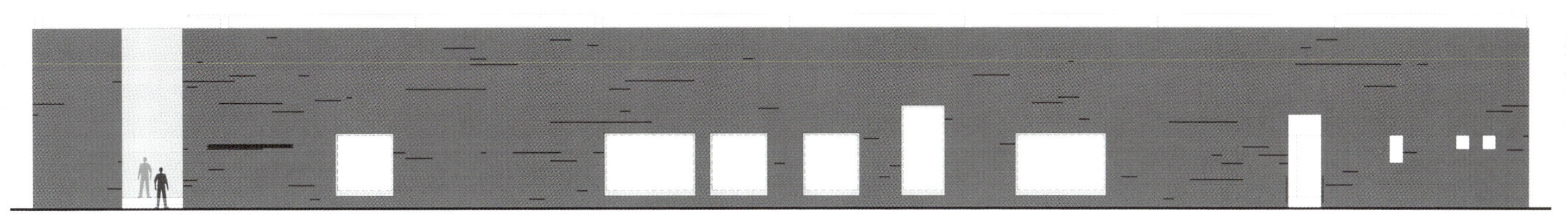

7

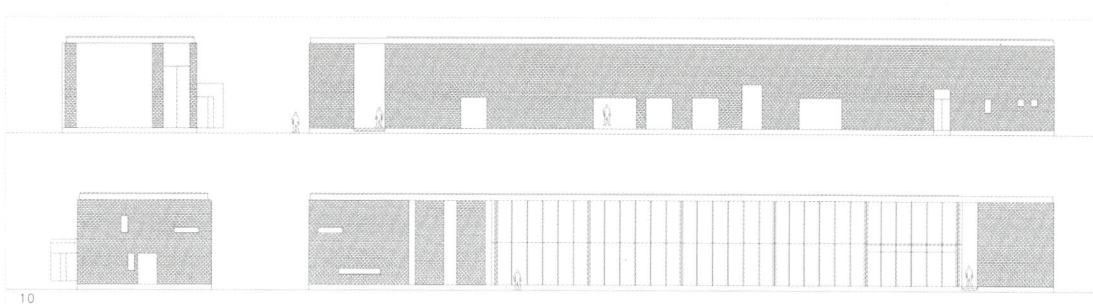

8　全景
9　入口平台
10　剖面
11　入口一角

建筑的形体组合是一个基于规则钢结构柱网的加减法游戏。由一条狭长带天光的走廊，串起若干个或封闭、或开放的矩形空间，光线伴随不同功能区域由暗至亮、最终到达户外阳光普照的一系列变化，希望唤起情绪的起伏。

设计的手法是一个关于尺度的实验。青砖是营造北京传统民居的普通材料，当砌到8米多高的时候突然变得令人震撼。砖和由砖砌出的凹痕为空间尺度提供了一个参照。家具、展台沿水平方向低矮地铺开，使原本就十分高大的由门、屏风、遮阳隔扇围合出的空间变得肃穆起来，心里的一个暗示被视觉的错愕渐渐唤起：那不是一个普通意义的房间，是一个殿堂，那么里面到底放了些什么样的东西？

展台上的模型绚丽迷人，除此之外所有的材料都是很重的颜色。惟一明亮的是被间或射入的阳光照亮的人们的脸庞，希望它们在油画般的沉着背景下显得生动而有活力。（文/兰闽）

12　入口

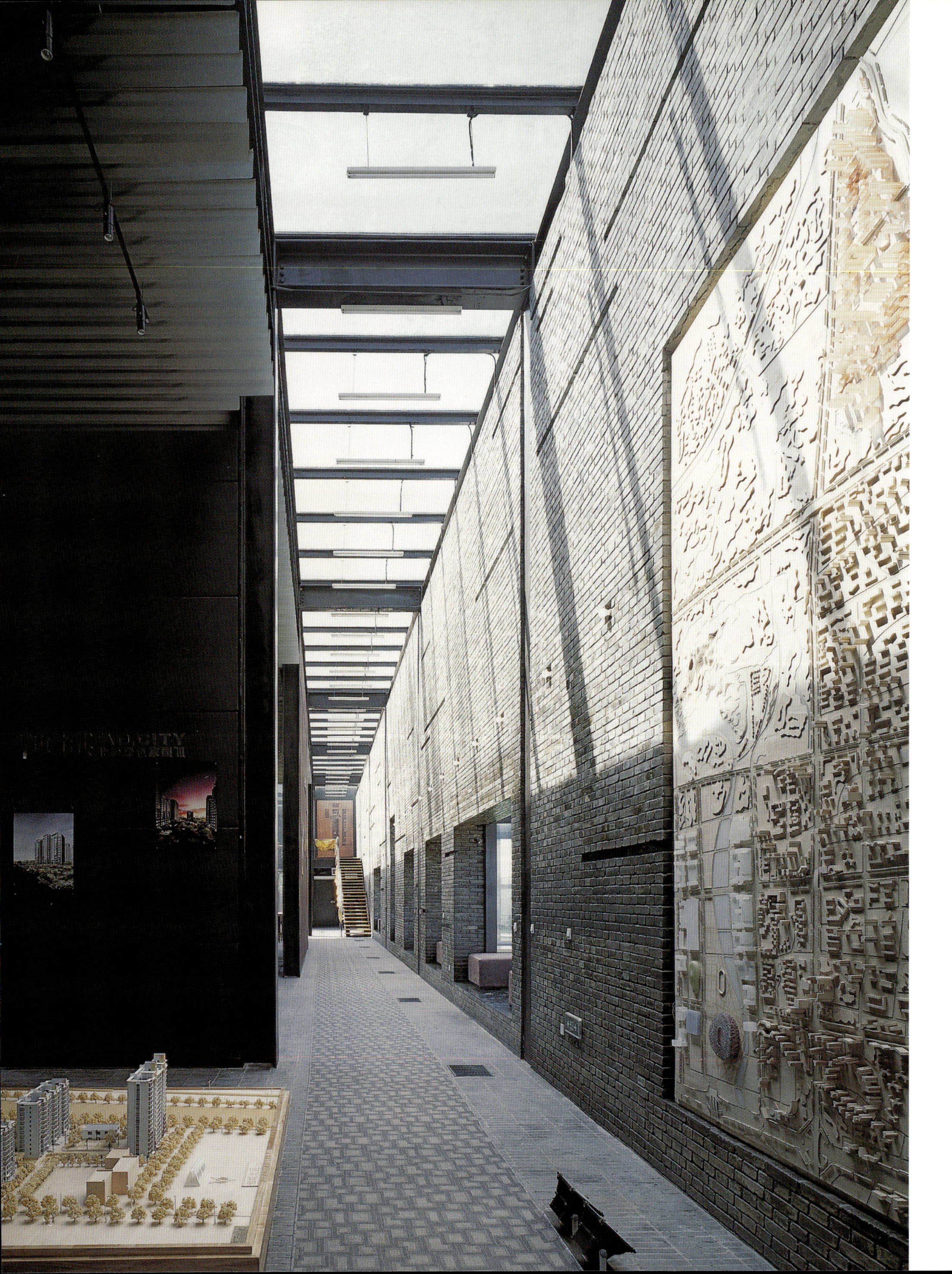

13　室内大厅

14　模型展示区
15　洽谈区一角

16　室内一角
17　接待大厅

18　室内过廊

19 洽谈区

20　洽谈区全景

21　洽谈区一角

朝外 SOHO 售楼处

1–2 外景

2

3

3　入口
4　入口一角

项 目 名 称：朝外SOHO售楼处

业　　　主：SOHO中国有限公司

方 案 设 计：IROJE Architects & Planners 履露斋(韩国)

建　筑　师：承孝相

施工图设计：建研建筑设计研究院有限公司

建　筑　师：赖裕强、余宾

结构工程师：韩平

电气工程师：郭羽

设备工程师：李喧、曹源、宋维

土 建 造 价：约700万元人民币

完 成 时 间：2005年8月

5　接待大厅

6　模型展示区
7　接待大厅一角
8　走廊

本工程为"朝外SOHO"项目的售楼处，建筑面积1059m²，位置在关东店四巷。该公司对建筑设计品质非常注重，在本项目中选择了韩国建筑师，以"都市中都市"这个概念，借鉴北京传统的胡同、小巷和福建"土楼"文化，使建筑中的各个空间具有紧密的联系又相互变化。访问此建筑或居住在此建筑的人们可欣赏都市般的风景，并寻找着昔日道路的怀念及记忆，创造新的人生。这是小的城市，也是"小北京"。

售楼处共3层，建筑高度约13.3m。首层主要有入口大堂、咖啡吧、洽谈室，大堂楼梯位于中部与其所在的天井成为室内空间的核心，并与一层的玻璃幕墙结合形成一个室内外融合的展示空间。卫生间设于楼梯下部空间，位置相对隐蔽。各部门

9

的办公室安排在一层、楼梯的东侧一、二层的西南侧是销售人员办公室。样板间主要的展示空间设在一、二层的东北侧；在二层楼梯的东侧营造了一处室内庭院，与屋顶花园相联系，并紧邻二层的展示空间，使其与办公区相隔离，并形成趣味空间。室内三层由户内楼梯联系，与大堂紧邻，楼梯一侧的内墙形成大堂的影壁墙。建筑二层屋顶设置屋顶花园，使三层的展示空间置身于优美的园林环境中。

建筑体量总体呈扇形。结构采用钢筋混凝土框架体系来支持灵活的空间布局。在材料及色彩的选择上，主体外墙采用深灰色玄武岩墙面结合镀膜玻璃窗及玻璃幕墙形成了雕塑感强烈的立体构成，首层大堂临街部位采用通透的全玻璃幕墙，使得夜间的灯光效果营造了点、线、面交错的时代感，成为街边一道亮点。这个"城市"的外墙材料是深灰色的玄武岩，这是北京城的传统色彩。这种灰色石材的细部散发出神话般奥妙的味道，随着时间的流逝，蕴含更深、更浓的记忆。

景观及精装设计也迎合主体建筑的设计风格，交错、对比的手法贯彻于每个细节，屋顶花园在紧张的范围内设计出不同的园景效果。

（文／傅晓毅）

9　楼梯间
10　二楼办公区

10

11

11　二楼办公区
12　办公区一角
13　休息区

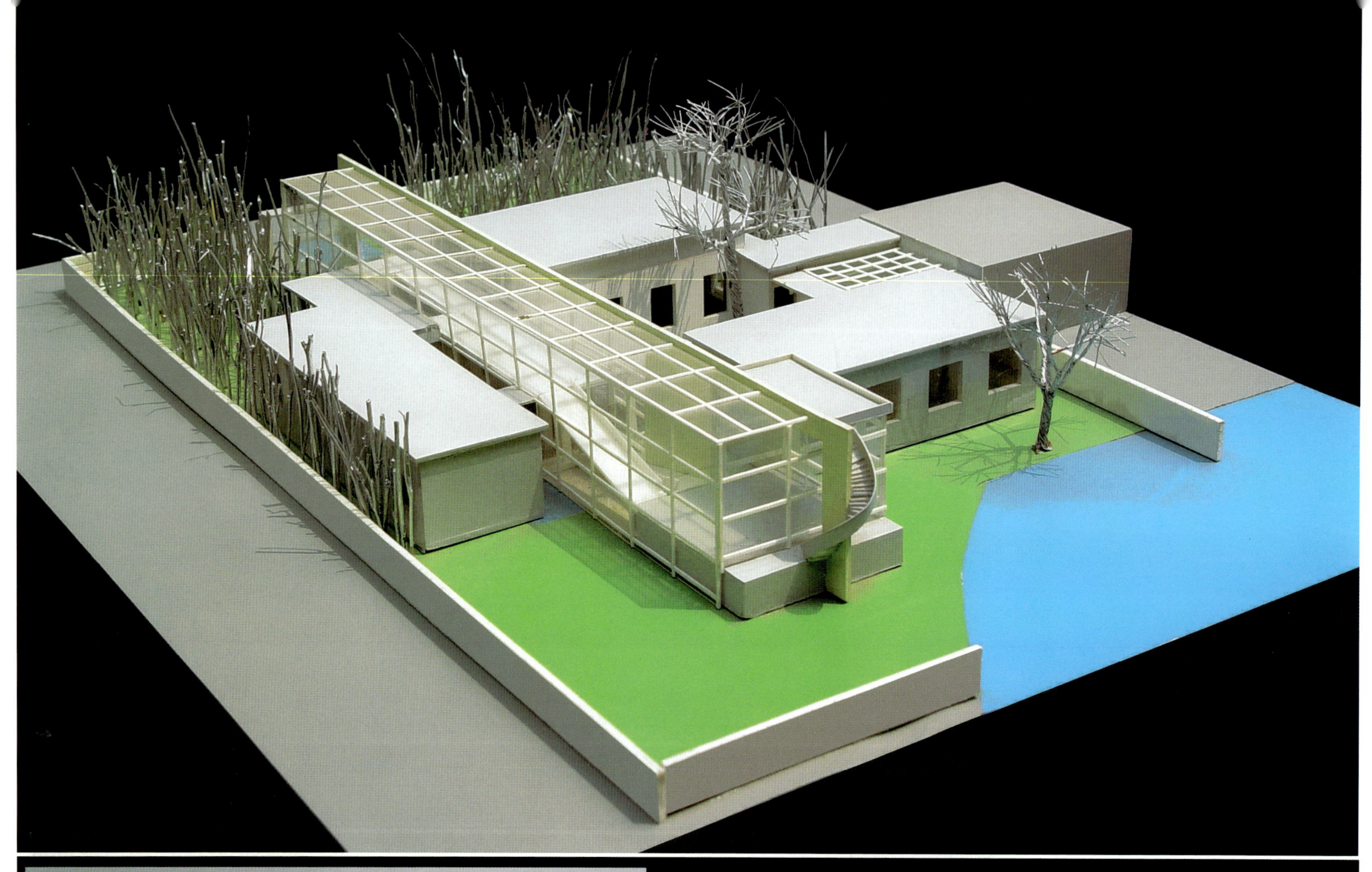

2

3

亚运新新家园售楼处

项目名称： 亚运新新家园售楼处

业　　主： 北京万通实业股份有限公司

设计单位： 维思平设计有限公司

方案设计： 吴钢

设计内容： 建筑、园林、室内设计

建筑面积： 733m²

获　　奖： 2002 WA 中国建筑奖

建造年代： 2001 年

1–3　模型
4–6　平面图

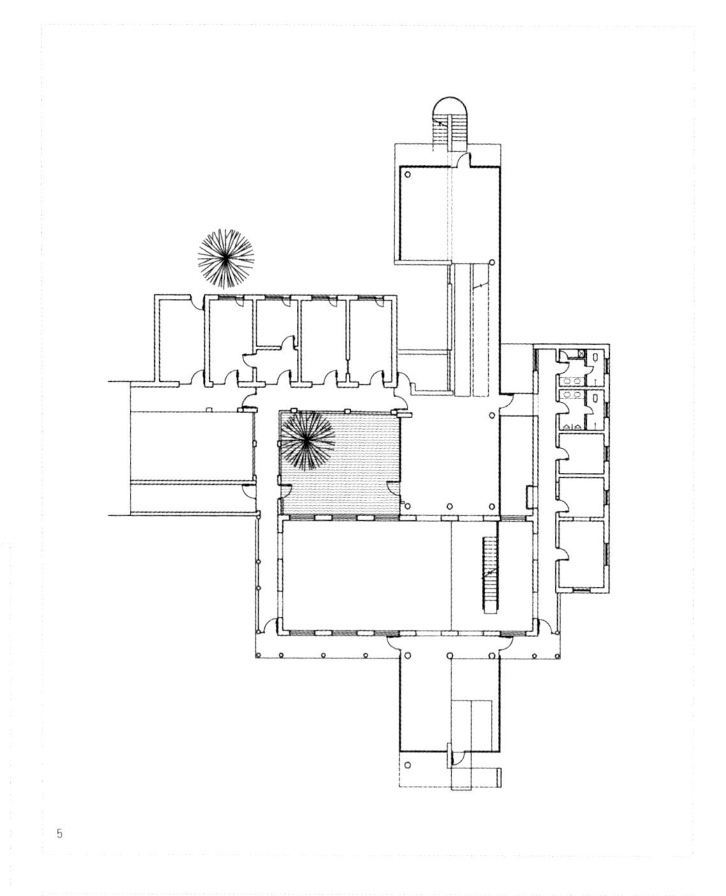

5

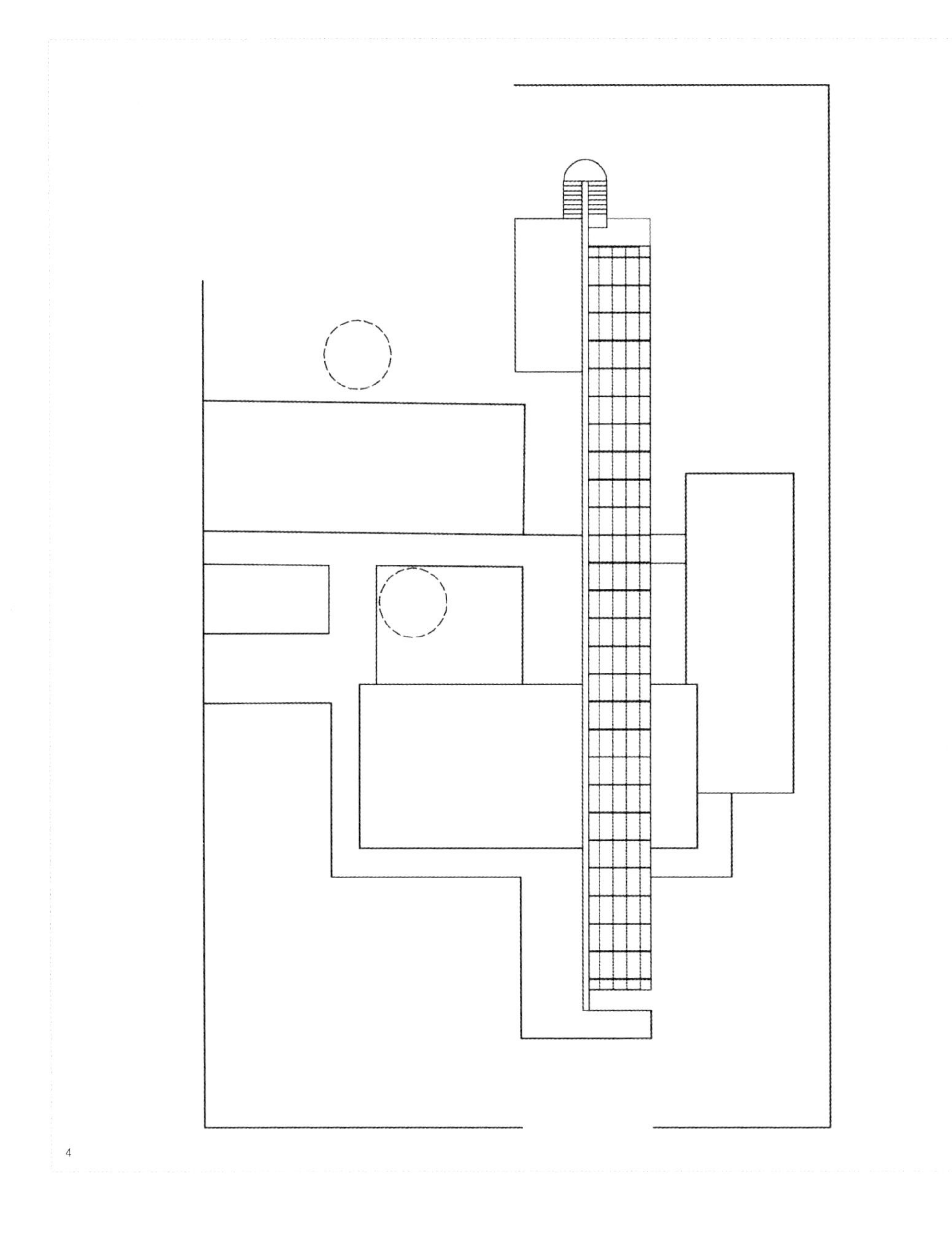

4

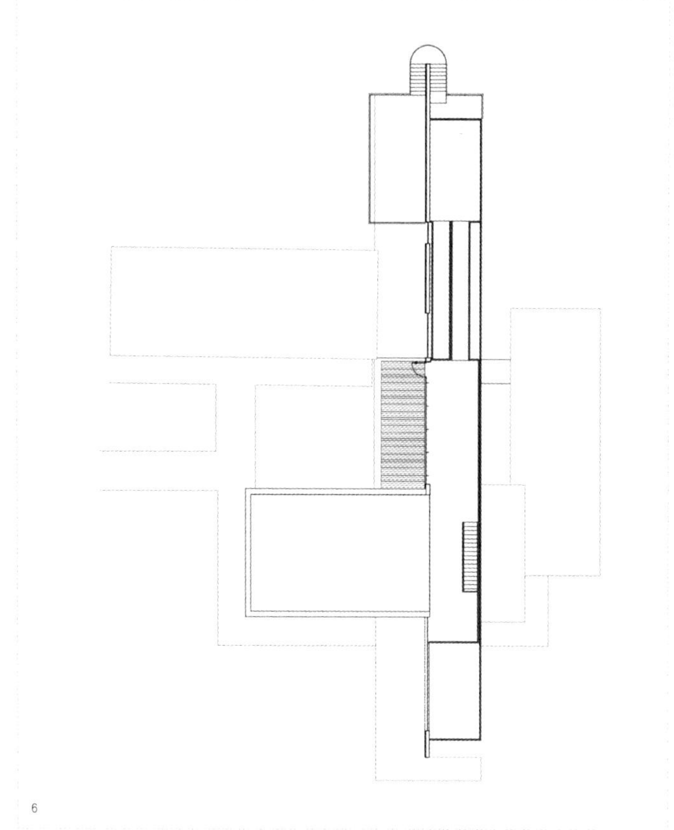

6

这一小型俱乐部位于北京亚运村北部的森林保护带内，周围树木茂密。在一个围墙围合的院落中原有一片美丽的竹林和作为礼堂和管理用房的三幢一层平房。院落的后面是一个幽静的水塘。

尊重现有的构筑物和环境并发展她，是这一设计的出发点和敏感之处。

答案是一条南北向的二层的长廊。为了弱化及模糊长廊本身，所以长廊被设计成玻璃的。它源于典型的风景园林建筑，用

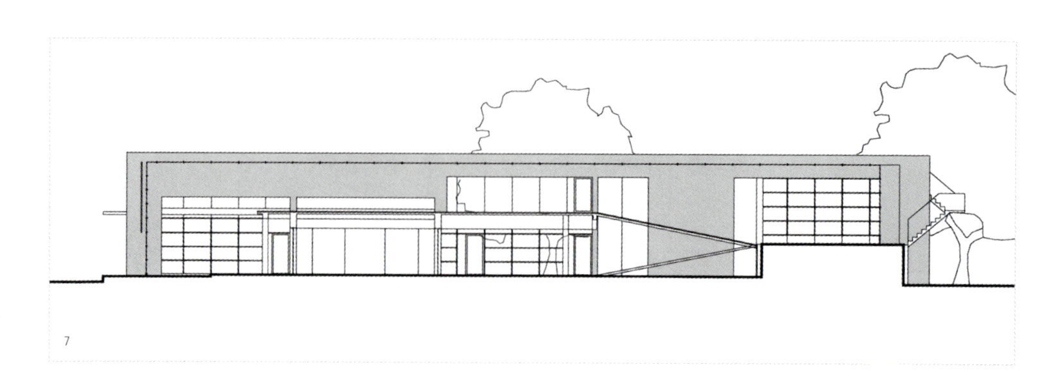

7

8

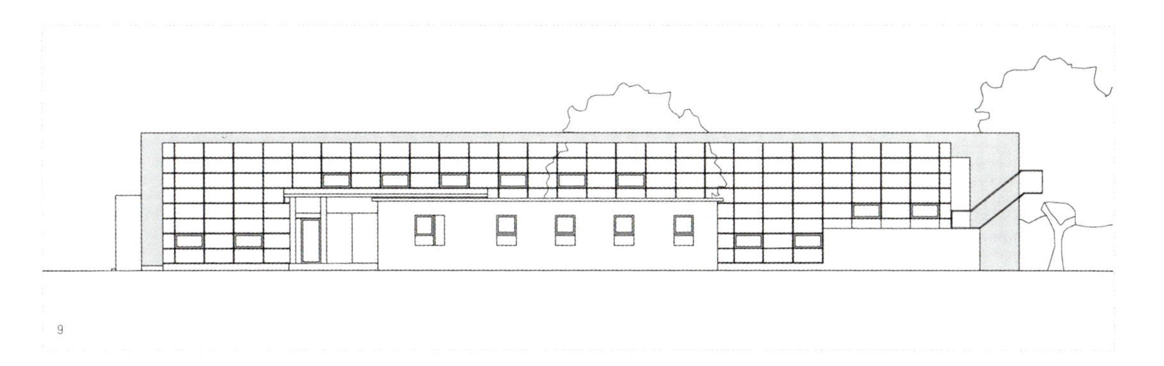

9

7 剖面
8 入口
9 剖面
10 夜景

10

11　入口内景
12　接待区

意是连接原有的构筑物和院落，并使得原来静止的空间流动起来，形成一个从南至北的空间系列，每个段落的形象和空间意境来源于风景园林建筑的原形：

·前院+入口大厅 = 亭

·主　　空　　间 = 堂

·休 息 厅+中 庭 = 院

·水 塘 边 沙 龙 = 榭

围绕着原有的平房和这一空间系列，细心地加入了一个环形走廊，它使得内部的空间组织丰实了起来。　　（文／吴钢）

13

14

15

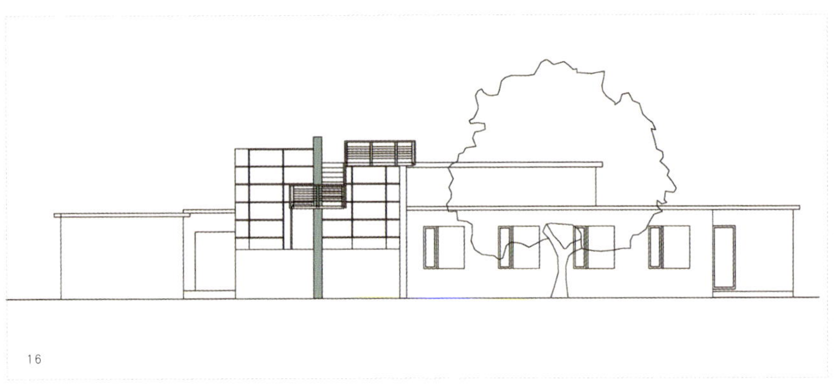
16

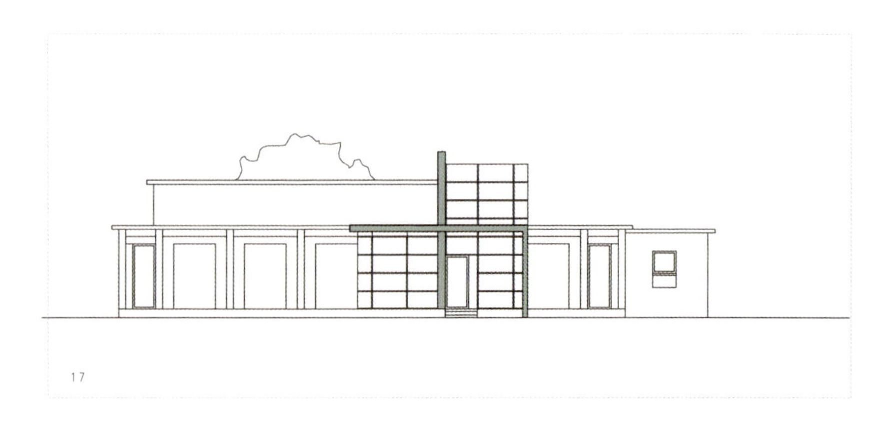
17

13 连廊
14 外庭
15 室外侧面
16–17 立面图
18 楼梯

项目名称：万通中心售楼处

业　　主：北京万通新世界房地产开发有限公司

设计单位：联安国际建筑设计有限公司

主持设计：姚升中

建 筑 师：姚升中、王珏

建筑地点：北京 CBD 东大桥西南角

建筑材料：石材

结构形式：钢筋混凝土框架

完成时间：2003 年

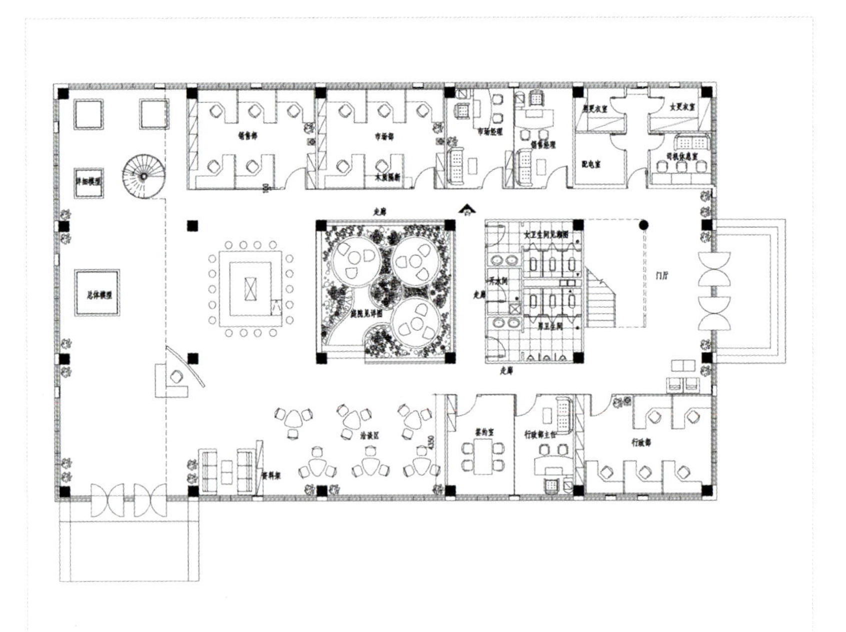

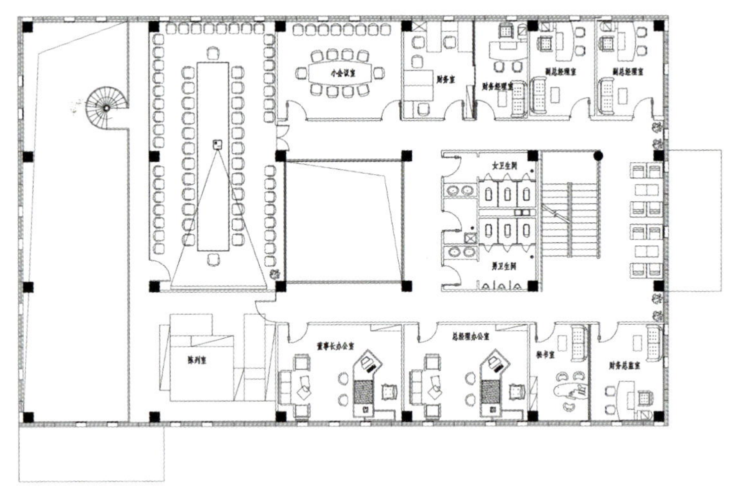

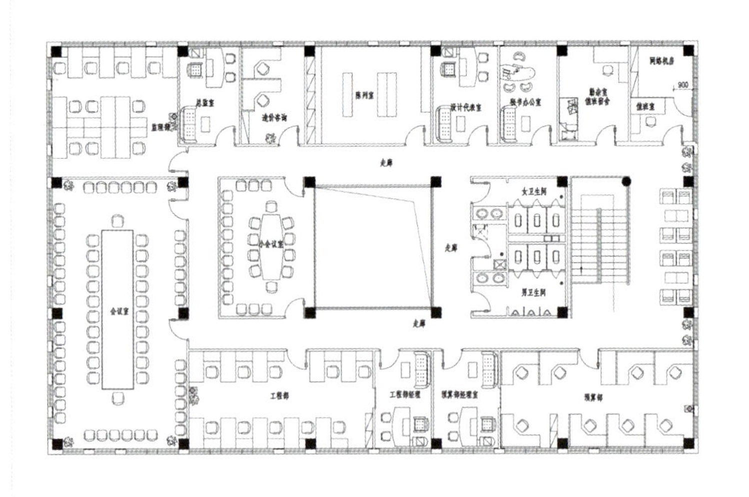

1　平面图
2　建筑外景

3　建筑外观

基本盒子

万通中心售楼处基本上可以归结为一个普通的逻辑盒子，结构上是毫无悬念的。一切的空间设计也基本上是从一个方型基础空间开始的，即演绎描述一个正方形的故事，从平面上，我们很容易发现以基本空间（6m × 6m × 6m）作为母体之后，呈现出各种可能性。这些可能性可能包括置换、重叠、闭合、并列、开敞、相含、叠加、互通、抽取、拉长、相切等等。我们尊重传统，我们试图在设计中找到一个场所精神，利用现代空间语言营造传统人文空间，所谓的传统与现代相结合吧！

位于平面中心或盒子中心的被抽离的虚空间成为我们的兴趣点。这是基本空间中的一个，之前设计者之所以未定义其实际功能，主要因为其位于中心，平面上进深达10米左右，不利采光，谓之于"黑区"。显而易见的处理方法是"开天光"，随之有了中心庭院，而不谓之"中庭"（中庭的称谓多少有些"霸气"，毫无人文尺度可言）。庭院总能让我们追溯一些老北京四合院的情感，体现一种合谐的交往意趣。而售楼处兼有办公的功能，公司员工之间协作精神想必亦能体现于此吧！有虚有实，把卫生间与辅助用房等不需要自然光线的空间归为另一基本单

4–5　室外庭园

6　主入口

元，于庭院之侧，一如既往纵贯三层，对比庭院，一唱一和，相互应衬。

溶融空间

拓扑的理论是宽泛的，在此我们引入拓扑几何集中学的消除分解空间之意来解释以下的设计，与其说中央庭院是小建筑的空间高潮的话，还不如说是隐喻传统四合院的内敛气质。与之形成鲜明对比的是设计者对入口展示兼接待大厅的处理，占用三个基本空间单元的二层挑空大厅在业主一再强调增加有效办公面积的呼声中已经彰显奢侈了。在建筑师的一再坚持下，原设计中大厅尽端的螺旋钢梯最终得以保存，成为这透视感极强的空间的惟一收头和视觉中心，并引导访客进入二层会议室。接待门厅的三单元并置空间是完整的，但边界模糊。当人们

7　洽谈区
8　室内中庭一角
9　立面
10　室内中庭

站在门口，视线被分为二路，一路向前，即螺旋钢梯；另一路沿右前方穿过一层局部吊顶的酒吧区，直被天光下的中心庭院所吸引。门厅是三面采光的，明亮大气；酒吧区内凹，吊顶刻意压低，光线暗淡；庭院受天光影响，一片光明，静谧，流觞，欣欣然。这样就在物理实体空间的处理上加入了光空间的扬抑，空间的融合成为必然，促使人们循环流动，穿插其间。同时在建筑物理上，则形成一个从门厅到庭院的自然“贯通”，完成空气的交换流动，外界环境与内部人进空间真正做到相互融合。

表皮内外

建筑表皮是建筑内、外空间之间的交界处，于内谓之“室内”，于外统称“立面”。考虑到本建筑的商业背景是顶级商务办公写字楼，外表皮的设计力求稳重。

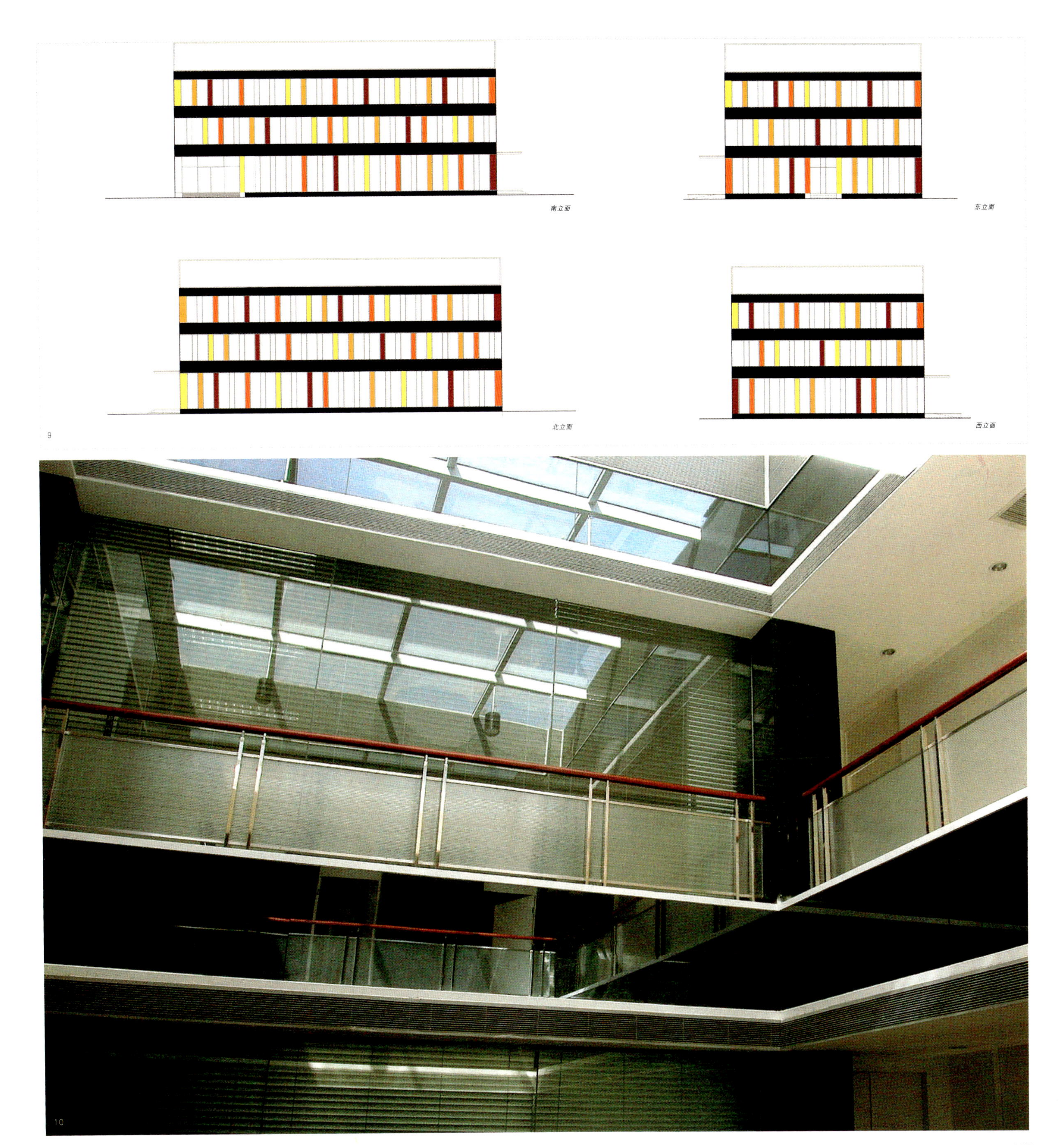
南立面
东立面
北立面
西立面
9
10

11　室内走廊及接待厅

12　办公室走廊

13　大厅顶棚1
14　天井仰视
15　大厅顶棚2
16　大厅顶棚3
17　办公室走廊
18　室内大厅

鑫兆佳园售楼处

项目名称：鑫兆佳园售楼处

业　　主：北京市城乡房屋建设开发公司

设计单位：北京维拓时代建筑设计有限公司

设 计 人：常海龙（施工图），德国 GMP 公司（方案）

建筑材料：混凝土外墙、水泥装饰板、钢板屋面、轻钢龙骨、石膏板内墙及吊顶

结构形式：钢 - 混凝土混合结构

造　　价：230 万元

建造地点：朝阳区长营乡

项目规模：1308m²

完成时间：2001 年 8 月

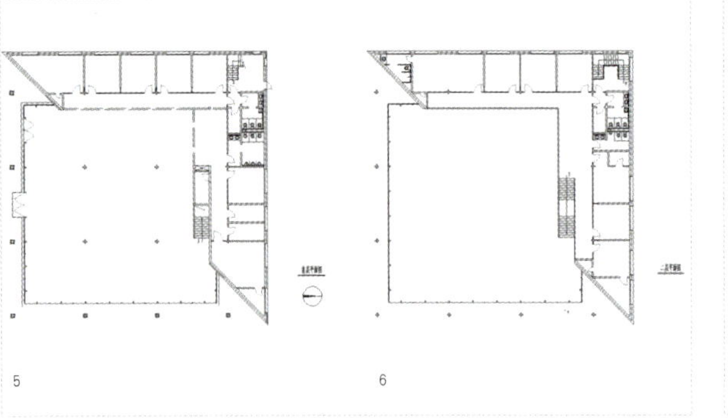

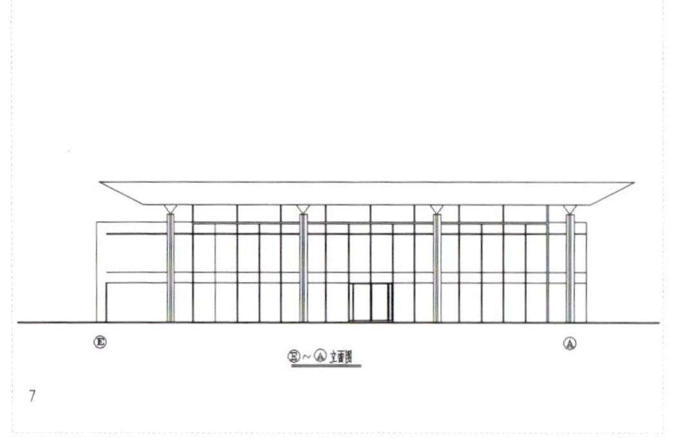

鑫兆佳园（柏林爱乐）售楼处位于居住区用地东南角，整幢建筑物由两个矩形体叠合而成：一个矩形体为钢结构玻璃幕墙围合组成；一个矩形体为钢筋混凝土框架结构外围预制混凝土挂板组成。两个矩形材质上为虚实对比，色彩上为黑红对比；两个矩形统一组合在细长钢柱支撑的扁平钢板屋面之下，整体形象富于现代气息，与鑫兆佳园楼盘整体风格协调一致。售楼处主体为钢结构玻璃幕墙销售大厅，外围布置两层办公用房，内部空间宽敞、明亮，装修装饰简洁、大方，为参观者、购楼者与销售人员提供了完美、实用的活动场所。

1–4　外景
5　首层平面图
6　二层平面图
7　立面图
8–12　室内

1

东方太阳城售楼处

2

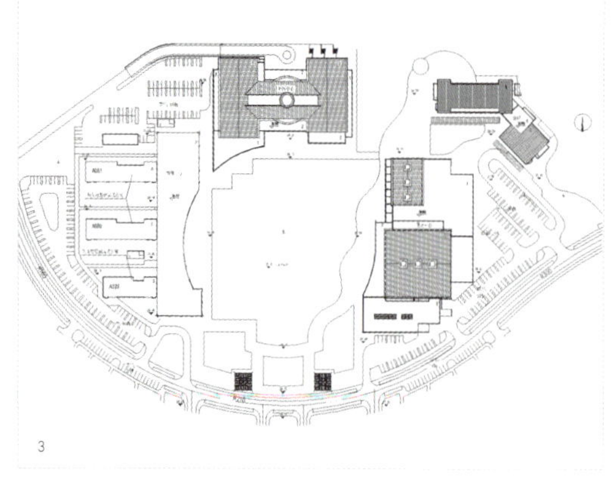

3

项目名称：东方太阳城售楼处

业　　主：东方太阳城房地产开发公司

设计单位：北京维拓时代建筑设计有限公司

设 计 人：范旭立（施工图），美国SASAKI公司（方案）

建筑材料：钢筋混凝土外墙、陶粒混凝土空心砌块、彩色涂层钢板屋面

结构形式：框架结构

造　　价：615万元

建造地点：顺义潮白河畔河南村

项目规模：2615m^2

4

1　外景
2　外景一角
3　总平面图
4–5　外景

5

完成时间：2002年10月

东方太阳城售楼处位于社区主入口附近一片开阔水面的北岸；整栋建筑地上两层，建筑面积2615m²，地下一层，地下建筑面积约300m²，采用框架结构。建筑体型为一规整的长方形（长48m，宽15m），主入口设于北侧，通过一道弧形廊架的引导进入室内；建筑内部各功能空间围绕中部两层通高的共享大厅有序布局，主要用于模型展示、售楼接待及来宾餐饮服务。

6

建筑外观通过南向共享大厅的玻璃幕墙与两侧墙体形成强烈虚实对比，屋顶为不对称的弧顶造型，与北侧主入口处的观景塔楼形成横竖对比的动态平衡构图。外墙饰面为不同材质的橙黄色涂料；屋顶为蓝色彩钢板弧面，结合廊架阳台、亲水平台等空间元素的巧妙运用，建筑整体造型犹如远航归来、静泊港湾的航船，在碧蓝天穹的映衬下，显得分外舒展、悦目，十分贴切地诠释了老年居住社区文化的主题。（文/孙祥恕）

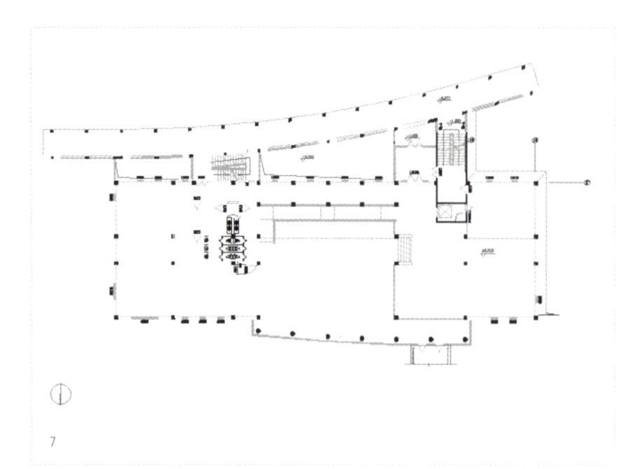

7

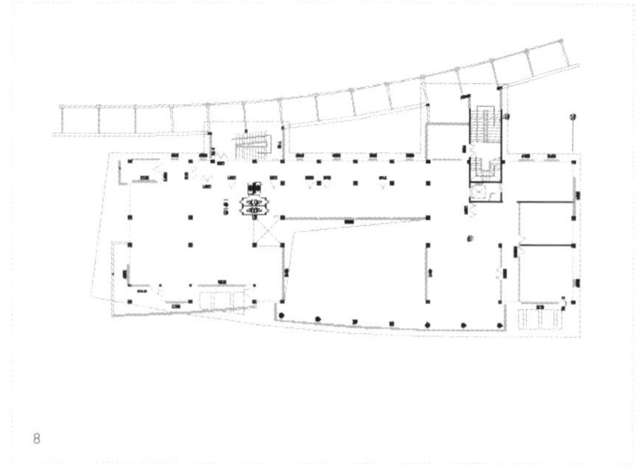

8

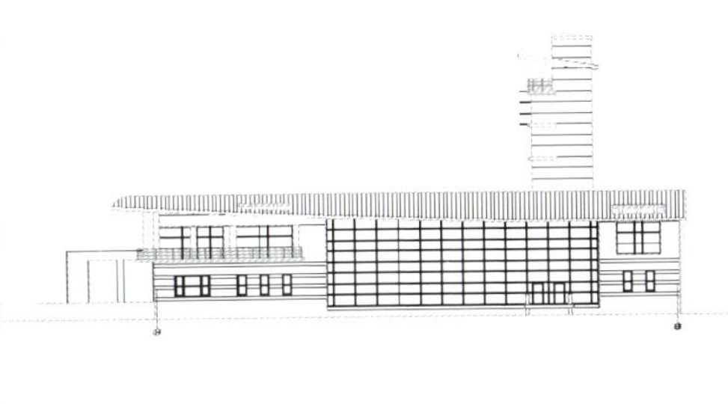

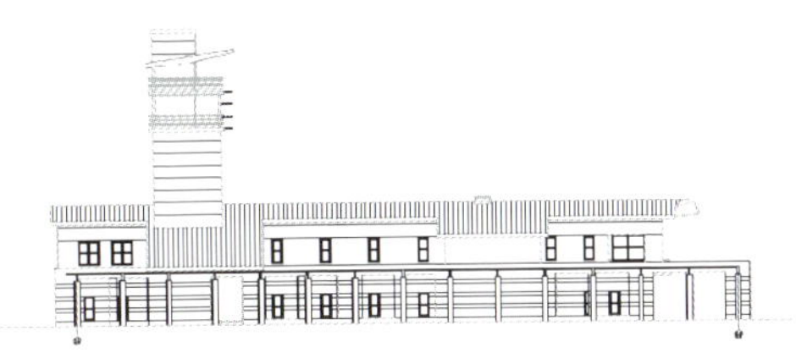

9

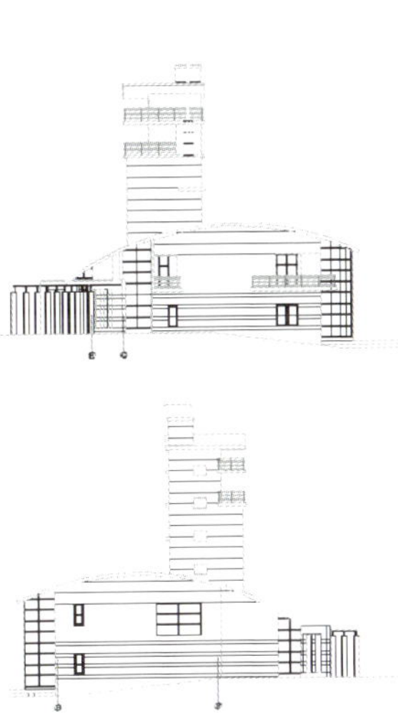

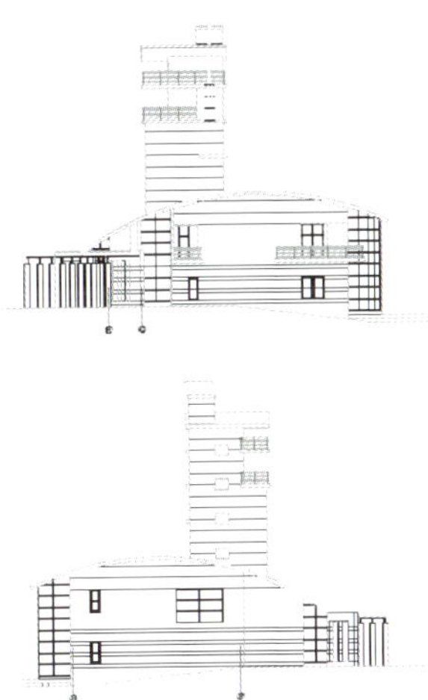

10

6　外景
7　首层平面图
8　二层平面图
9　轴立面图 1
10　轴立面图 2
11　外景一角

11

12　室内

13–14　室内

15 洽谈区
16 接待大厅

17　中庭
18　室内过道

19　外景一角
20　外景
21　窗外平台
22　窗台
23　平台一角
24　外景一角

22

23

24

项目名称：百嘉售楼处

业　　主：北京百嘉置业有限公司

建 筑 师：于海为　徐　磊

项目地点：回龙观地区

项目规模：412m²

结构形式：钢筋混凝土框架结构

建筑材料：青石板及白色涂料

造　　价：120 万元

建造年代：2004 年 10 月

摄　　影：于海为

百嘉售楼处

百嘉售楼处位于回龙观地区，临近百嘉中城居住小区。业主方是北京百嘉置业有限公司。项目总造价约为120万人民币，建成交付使用时间为2004年10月20日。售楼处建筑面积412m²，地上一层，建筑高度6.5m，结构形式为钢筋混凝土框架结构。建筑材料以青石板和白色涂料为主，局部使用木质格栅和饰面板。使用功能上还考虑未来成为小型展示厅的可能性。

售楼处的用地南北向长，东西向短，西侧靠近一个超市的背面，比较破旧；东侧紧邻住宅施工围挡；南侧朝向规划主路；北侧有一个旧的四合院，考虑施工过程中改造成办公用房，与新建售楼处合用。售楼处的使用功能包括接待、洽谈和办公三部分。受用地形状和周边环境限制，设计中选择用墙和院来组织空间流线，力求在狭长的建筑中营造层次分明的空间体验，丰富的感受。

入口前面留出很大的场地，只有建筑西侧的墙一直延伸到路边，作为这个院的界定，这个开敞的院子以大面积修整的草坪为主，靠近西墙有一棵保留下来的雪松，中间有一条很宽的砖路一直铺砌至售楼处门口。这样一来为来访者在更大的画幅中去感受它提供了可能，这有点像传统的中国画构图中大面积的留白手法。

1　外观
2　入口处

3

6

4

5

8

南立面采用结构上的悬挑，使建筑仿佛漂浮在草地上一般，进入售楼处是通过一片矮墙引导的台阶，建筑南侧有大的出挑，可以在落地玻璃窗上形成大片的阴影，减少夏季空调负荷，同时又在进入前增加一个过渡空间。

首先进入的是接待厅，地面是室外延续进来的青石板，接待台在右侧，背景是白墙，不规则分布的竖向条形玻璃砖投进微弱的光线。接待厅正对的是一个庭院，透过落地的大玻璃窗和木格栅能隐约看见庭院里的一棵松树。洽谈区在接待区的左侧，要上几步台阶，正对通向办公区信道的位置加了一片石板墙，同时在顶部有一个天窗，白天会有很漂亮的阳光在这个地方，把这个地方照得很亮。洽谈区用的是黑色的格栅顶，地面换成了白色地砖，朝南的落地窗外还有一个很大的挑台，是室

9

3–5 入口一角
6 室外台阶
7 外景
8 夜景
9 外景

10

10　室外庭园
11　室外平台

内空间的延续；透过朝北的水平向落地窗可以看到另一个庭院在白墙映衬下的一丛翠竹。

从接待区到办公区的走道也是客人去卫生间的必经路，因此有了公共性，设计中走道被加宽而成为一个展示的空间，东侧是完整的展示背景墙，西侧是落地玻璃窗，正对着从洽谈区可以看到的庭院，庭院铺的是木地板，给人很温暖的感觉，天气好的时候是一个喝茶的好地方。

办公区的设计完全按照业主的要求，包括两间办公室和一个小会议室，从办公区北侧的门出去有一条小路连接后面一个保留下来的小四合院，施工期间用来作为办公用房。

12　入口
13　入口一角
14　细部墙体
15　洽谈区

13

14

15

16 室内大厅

17　室内
18　天棚

19

20

21

19　接待区
20　室内一角
21　走廊

22　　夜景
23–24　室内一角
25　　室内通廊

26　卫生间
27　过道局部
28　洽谈间
29　卫生间过道

27

28

29

30　室外格栅
31　室外一角

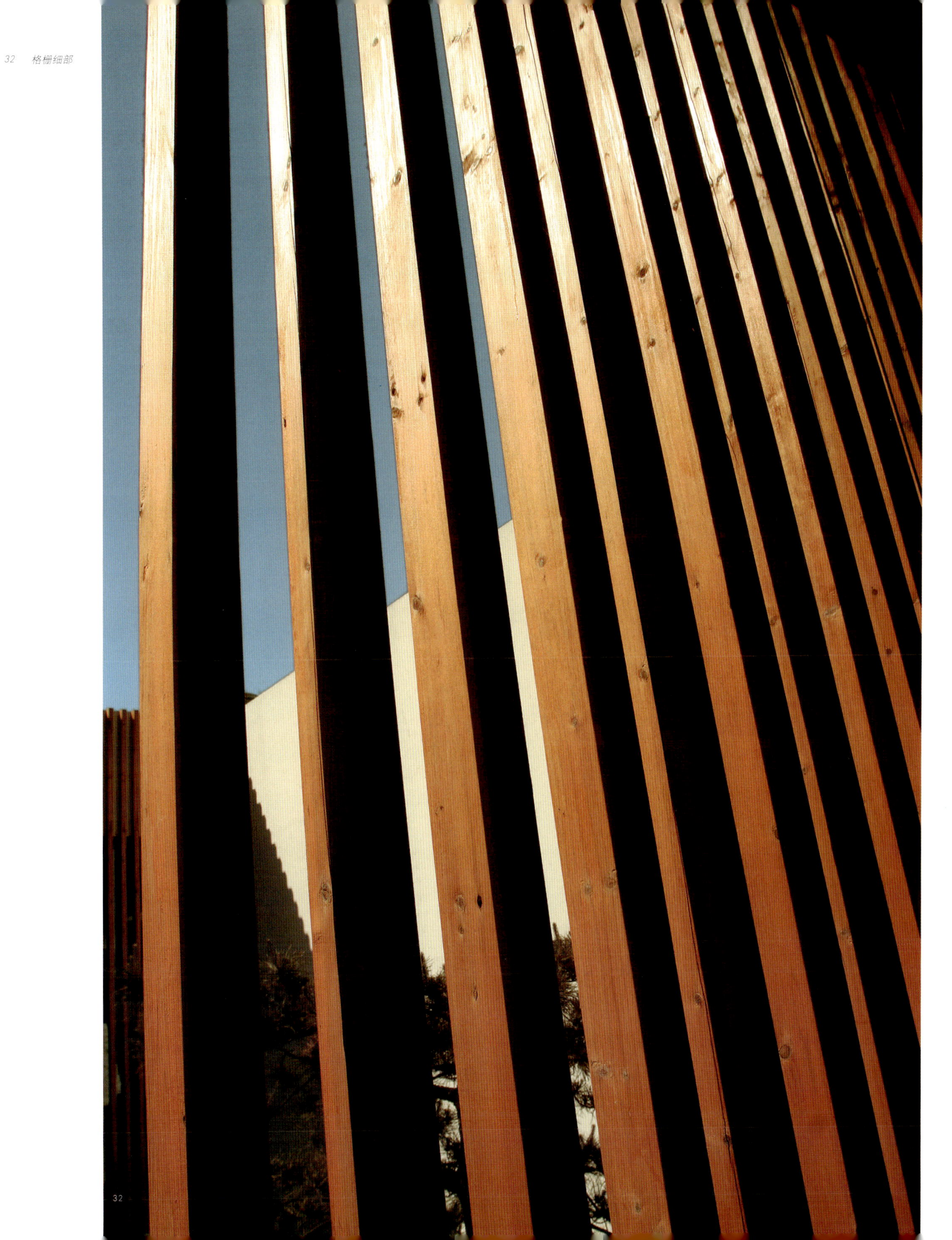

33

34

35

项目名称：金地国际花园售楼处

业　　主：北京金地鸿业房地产开发有限公司

方案设计：罗劲

项目地点：朝阳区建国路91号

项目规模：680m²

建造年代：2002年9月

整个建筑主体的形式是一个非对称的"十字"，十字的横向为东西向的建筑体，纵向从大门开始，通过接洽台，通过模型区，仿佛是一个渐渐到达高潮的流线，继续走上台阶，沿着台阶一直到达十字的终点——户外观景台，十字结束的同时，一个从室内封闭空间到室外开畅空间的过渡被完成。

室内空间分割并非按照传统的层式，而是以若干个"半层"和"悬层"，相互联系，相互交错。设计师引用了从上到下的设计方法，设想空间渐渐地从屋顶生长出来，然后在空中不同高度的地方停止。

这貌似错综复杂的空间布局实际上遵循着有序的布列方式，在停落点和伸展方式上都有着严格的尺度关系和比例关系，行走其中的过程同时也是一个视觉不断被唤醒的过程。

室内空间根据其功能要求进行了合理安排，售楼处的主要功能是接待客户、产品展示和签署协议，而三楼顺便作为销售人员的办公区域。整个主体功能空间被划分为五块：

1.岛式洽谈区——最初的设计里，格栅被膜与地面交接的地方是一片安静的水域，它越过格栅，从室外一直延伸到室内，有机地将室内、外空间进行了连接。

1　外景
2　洽谈区
3　室内

2

3

阳光投到水面上，漫射着令人眩晕的奇妙光芒，格栅在水面上的投影在阳光下与它本身、与大地浑然一体。整个格栅立面斜跨在水中央，仿佛巨大的屏风，引诱阳光与水面来进行亲密的交谈。

洽谈区就设置在这巨大的玻璃屏风下面，用小桥和其他区域相连，坐在洽谈区白色的方桌旁，犹如在岛中央闲散地与朋友漫谈，脚下水面静静地折射着令人愉悦的光，与水中的影子一起，让视觉的认同最终走向感觉的归属。

这个区域是专为那些初次来售楼处的客人设置的——一切都刚刚开始，对他们来说，或许走进这个建筑体仅仅是好奇而已。这流动的光线和跳跃的光与影，在某个瞬间轻轻地触动了他们内心的某个角落，他们身处其中，感觉到某种对美的热望正渐渐侵袭他们的血液，并随时准备清洗他们疲惫的心灵——这感动促使他们停下来，慢慢地体味一切。

最后关于水面的美妙设想由于各种原因仅仅停留在了方案，大面积的水域被室外的黑色雨花石和室内的白色卵石所取代，光和影的交谈在地面无声地停止。虽然如此，岛式洽谈区依然作为一个相对独立的区域以一种开放的姿态表达了它自己。

2.展示区 —— 与岛式洽谈区用黑色柱子和白色构架隔开的是展示区。

展示区的主要展示区域是悬挂于隔板上的展板，以大幅的画面展出项目的部分背景资料。

竖向的落地展板和直立的白色构架柱相互呼应，使整个空间向上延伸，直达另一个洽谈空间。

与之相对立的是横向的地面纹理，垂直线条和横向线条在这里相撞，带着几何与平面交错的韵律美。

3.模型区 —— 模型区位于展示区正东方高出半米的地方。从展示区到模型区，是由一个序列空间通过台阶过渡到另一个序列空间，高度上的差异强化了空间的层次，使视觉上发生了些愉悦的视差。

对中心的强调是这一空间的特质，模型被放置在整个落差的节点位置，正对大门的地方，令模型自然而然地成为客户关注的重心。

4 洽谈区
5 室内

4.私密洽谈区——展示区的背面是相对私密的洽谈区。主要是针对一些对购房有明显意向的客人，需要跟销售人员对产品进行不被打扰的深入了解，所以这个区域相对其他区域来说更加狭小和安静，更加强调纵向空间和光影效果。

透过隔板的缝隙，通过格栅过滤后投进来的阳光轻柔地照射在桌上，淡淡的，柔柔的，像是些寂静的声音，来到最敏感最沉静的地方。

依然是一色的黑白，内敛的独立空间。

5.二楼洽谈区——这就是那些从屋顶向下生长的悬层中的一组。

整个走廊和洽谈区域都悬挂在空中，从走廊的某些段落伸出小小的平台，玻璃不锈钢的栏杆，整个平台只能放置一张桌子和几把小椅。

这些平台与柱子相接，凌空悬挂，俯视可看到展示区及其岛式洽谈区，向外则可以看到施工现场的某个局部。

站在走廊的尽端，透视感直逼而来，横向的栏杆和竖向的线条整齐地排列，简洁流畅，仅仅是对视觉的冲击，就足以表达了它纯粹的意念。

（文／周彦）

6　洽谈区
7　展示区

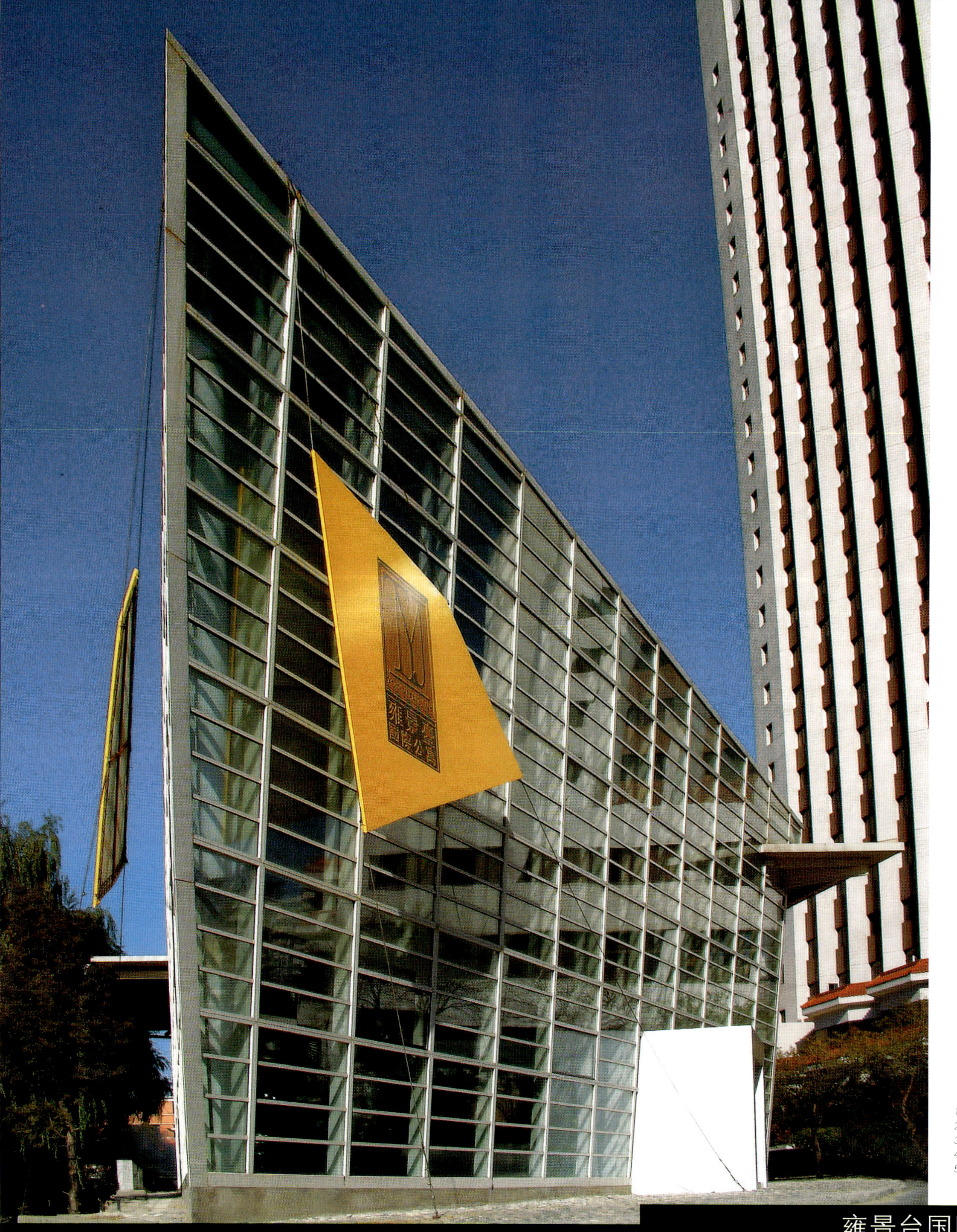

1 外景
2 入口
3 总平面图
4 一层平面图
5 二层平面图

项目名称：雍景台国际公寓售楼处

业　　主：北京中免房地产开发有限公司

设计单位：北京中联环建文建筑设计有限公司

设 计 师：王泉、吴江卉、严文华

设计时间：2001 年 3 月

结构形式：钢结构

完工时间：2001 年 10 月

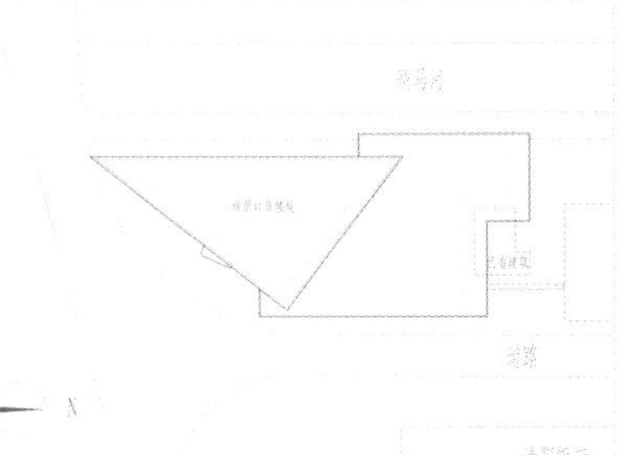

3

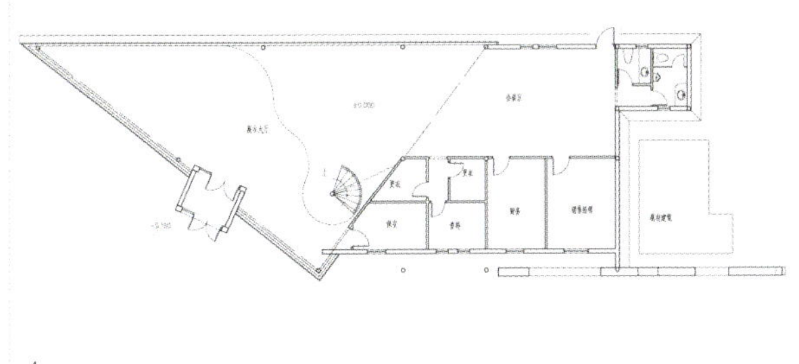

4

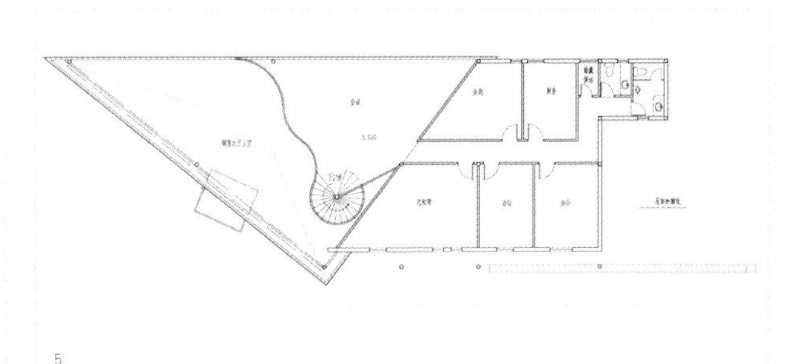

5

6　外景

该售楼处位于一块极为狭窄的三角用地内，因此建筑形式需紧紧吻合其基地形式（见总平面图）。设计师将售楼处所需的两大功能内容分解成两大体块主题空间：其一为展示与大堂空间，其形式需要开敞、明亮，恰好结合地形设计成一异形的三角透明体，并使其玻璃幕墙呈向外倾斜状，强化了其动态与雕塑感；其二为接待和办公内务空间，其形式需相对亲切、私密，因此将其置于较实墙面的矩形空间内，外墙则采用工业用瓦楞铁竖向条纹，配合竖向窗户宽窄不一，形成纵向的韵律感，给人以深刻的印象。室内空间处理上，三角锥形的紧张感被二层的弧形挑空所打破，圆形旋转楼梯是中厅空间的焦点之一。入口处则通过扭曲错位的体块处理使之更加吻合于沿道路的入口方向。总之，两个造型各异的体积关系经建筑师的有机组合，高低错落、有张有弛、虚实对比，实现了空间形式与功能特点的贴切吻合。　（文/王泉）

7–8 外景
9　东立面、西立面图
10　南立面、北立面、剖面图

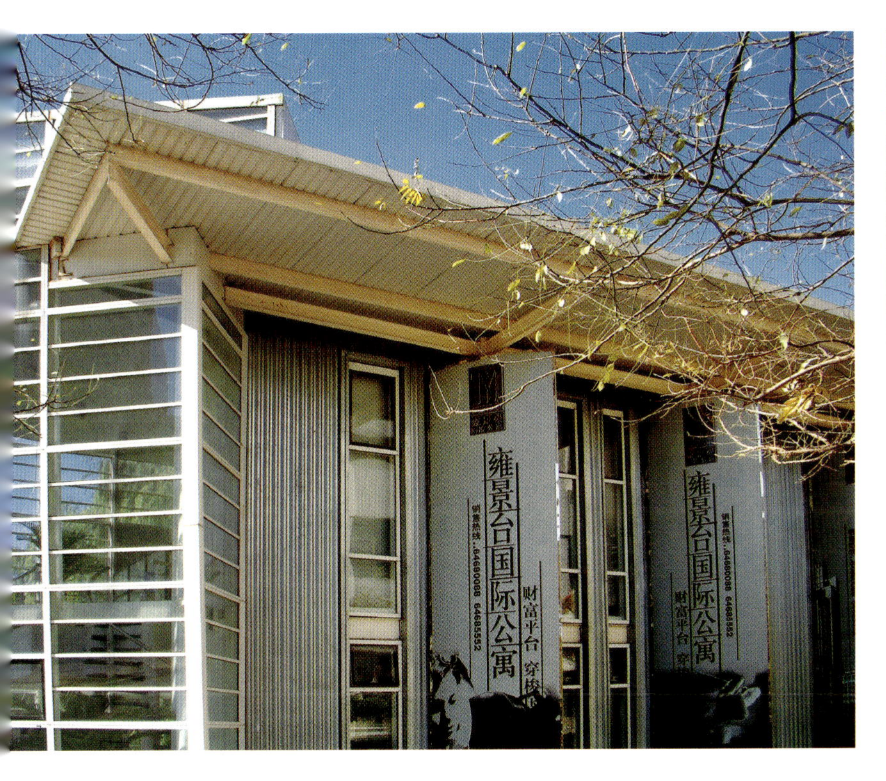

8

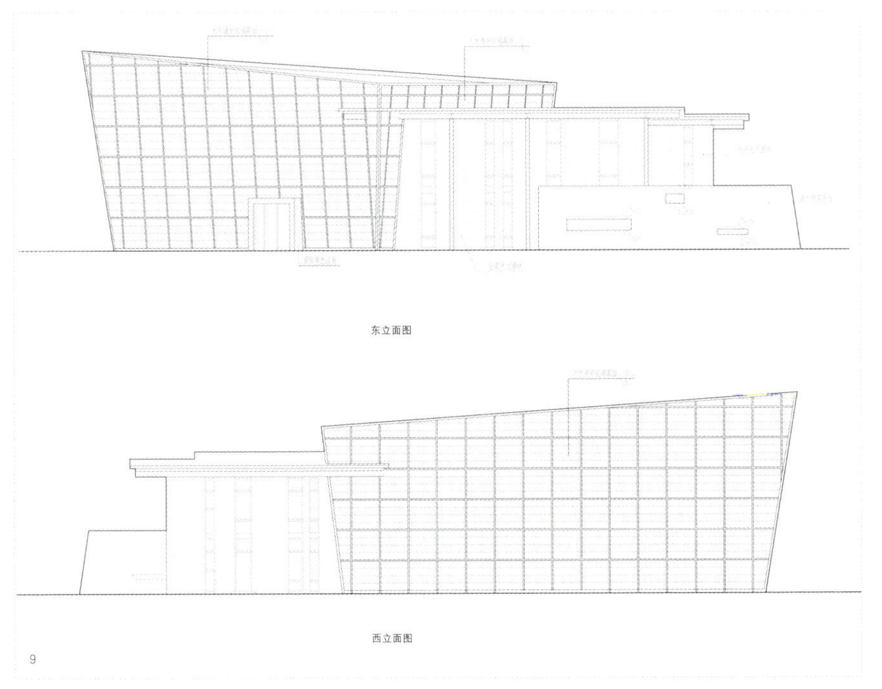

9

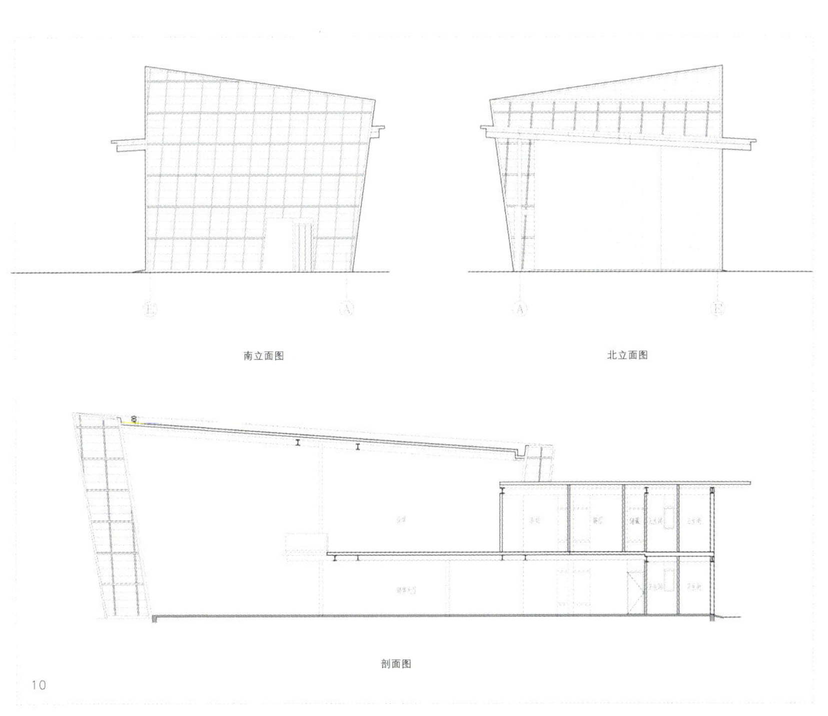

10

PALATIAL

11 模型展示区
12 接待台
13 玻璃幕墙

13

陶然北岸
NEW LIFESTYLE
售楼中心
本售楼处已消毒

1　外景
2–3　外景入口
4　背立面全景
5　外景一角

项目名称：陶然北岸售楼处

业　　主：北京鲁能陶然房地产开发有限公司

设计单位：北京中联环建文建筑设计有限公司

设 计 师：李勉丽、王泉

设计时间：2002 **年** 7 **月**

结构形式：钢结构

完成时间：2003 **年** 6 **月**

陶然北岸售楼处又是一个在用地十分紧张的情况下创造展示建筑的典型案例。该用地红线范围呈一不规则"L"形状，外侧两边均沿城市道路，因此，从环境的具体特点分析，其主入口应在地块阳角处，且应利用其立面造型形成该建筑的视觉中心，大面积的木板条异形片墙与晶莹的双曲面玻璃门厅，使之个性鲜明。室内主要功能空间分为两大块矩形体积，分别十分紧凑地安排了三套样板间、接待区与内务区，中间大堂利用斜

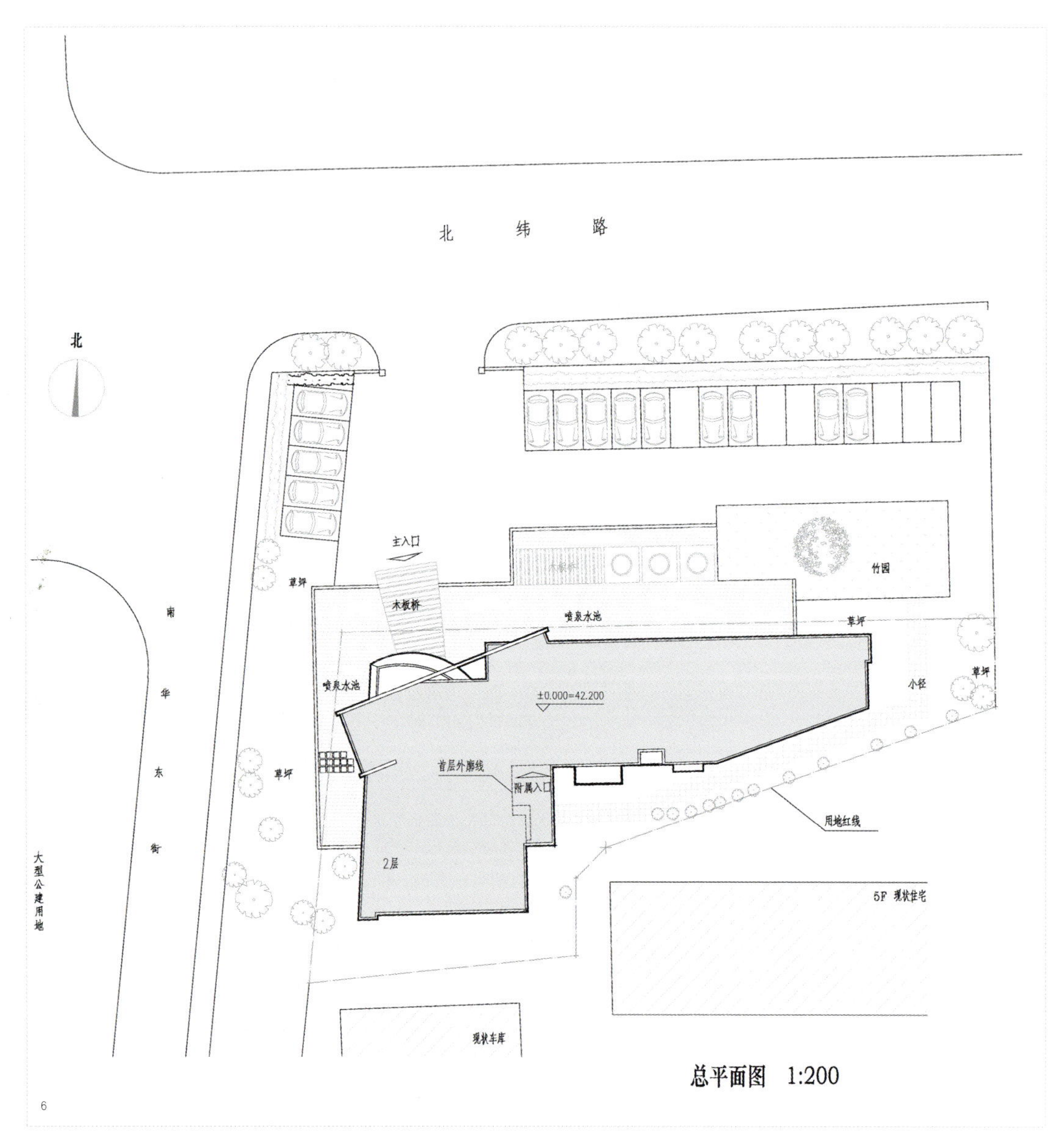

总平面图　1:200

6

7

墙构成及二层挑空将两侧功能房间联系起来，使大厅更加生动而有效。外墙材料运用了简洁的玻璃幕墙与原木纹饰结合，前者强调了简洁透明与韵律感，后者则来源于"陶然北岸"楼盘"和式园林"的广告特点，并通过建筑凌空于水面之上的手法强调其园林特征，是利用建筑材料与形式点题楼盘"主旋律"的代表案例。　（文／王泉）

陶然北岸
NEW LIFESTYLE

9 首层平面图
10 北立面、剖面图
11 二层平面图
12 二楼过道

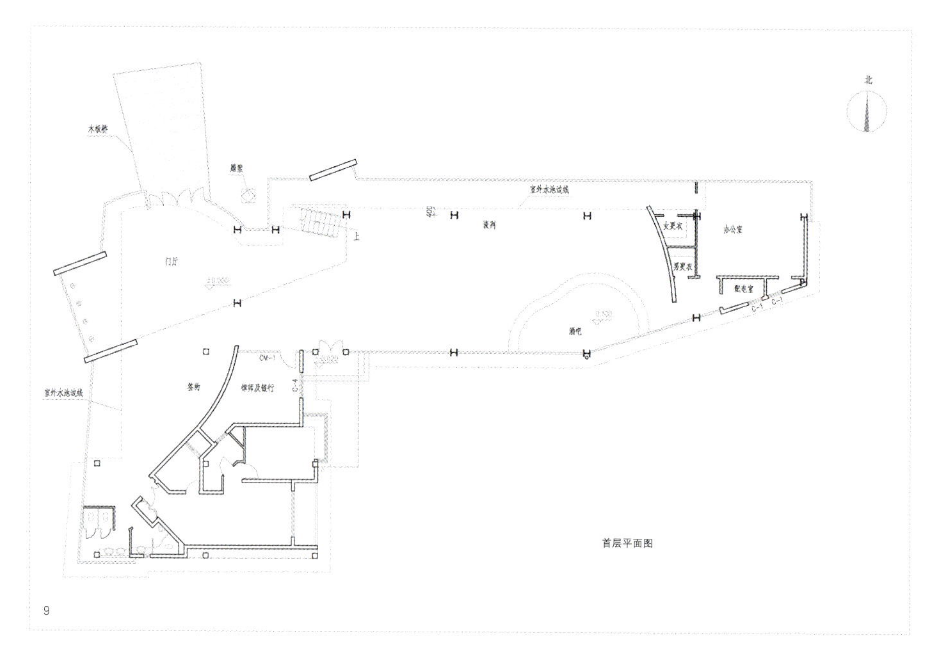

9

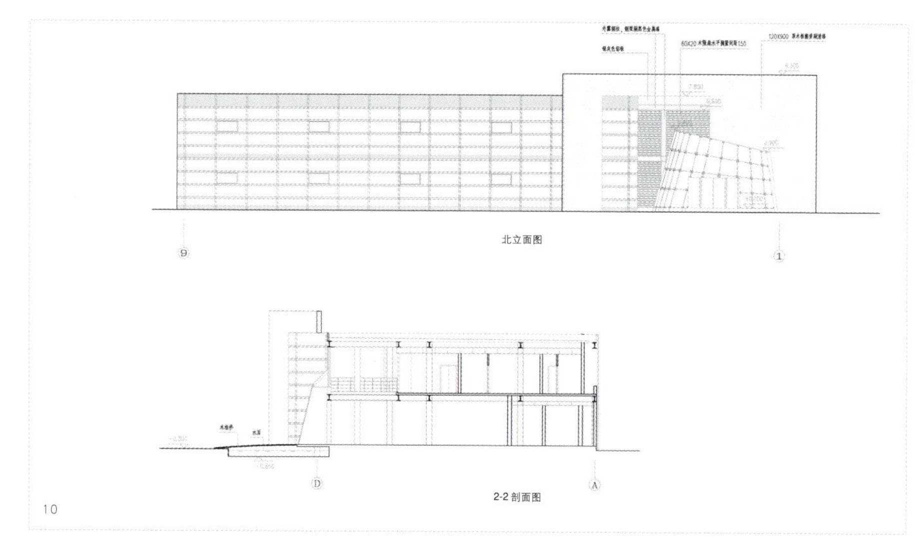

10

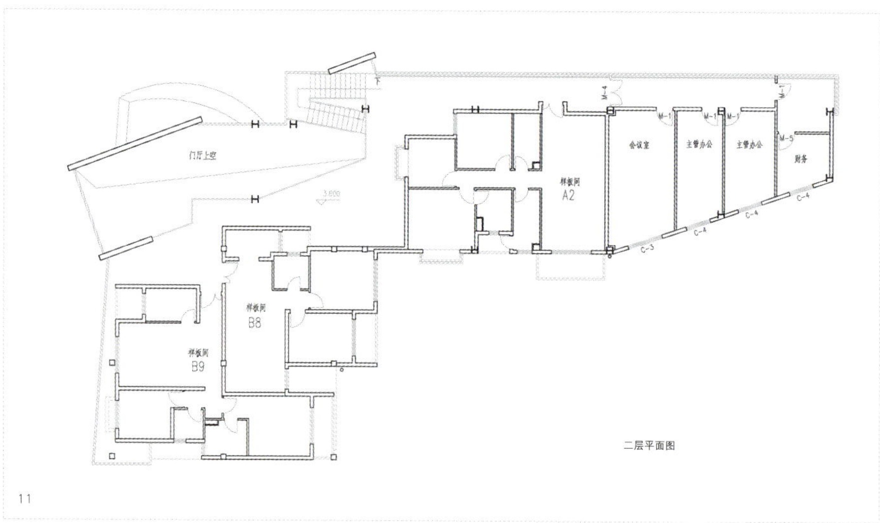

11

12

13 模型展示区
14 接待大厅

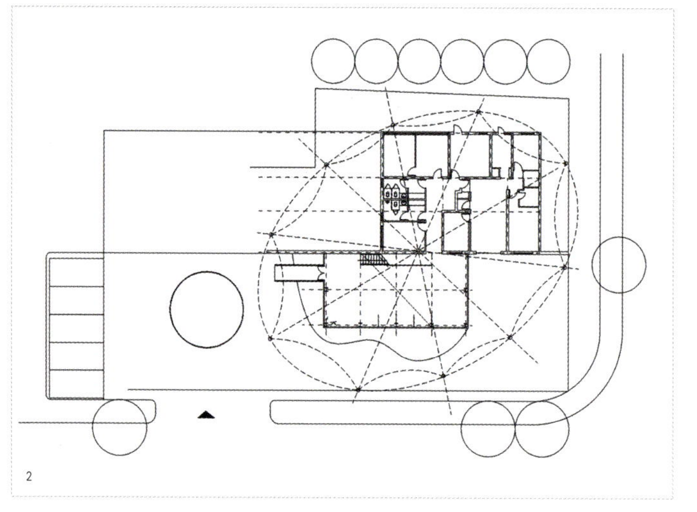

1 夜景
2 总平面图

项目名称：东润枫景售楼处

业　　主：北京凯瑞房地产开发有限公司

设计单位：德国维思平建筑设计咨询有限公司

项目地点：北京东三环东风桥南

建筑面积：200m²

设计时间：1999 年

完工时间：2000 年

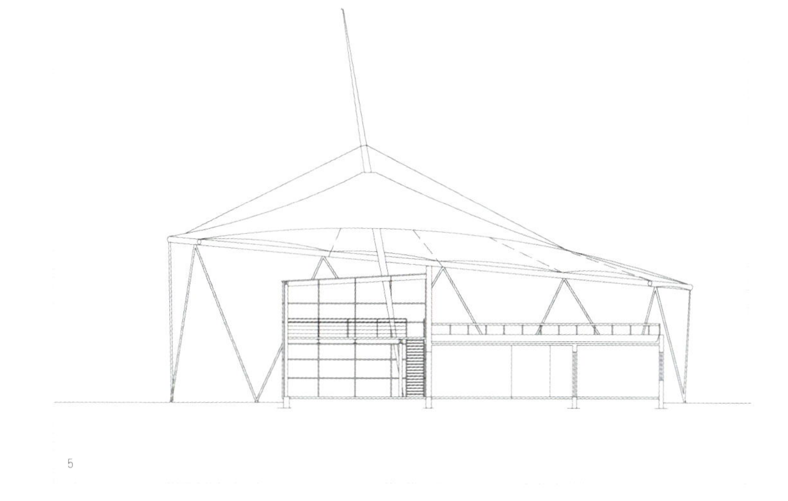

3　效果图
4　吊锁一角
5　剖面图

6

位于北京市东三环的东润枫景售楼处是一个有着浪漫个性的作品。

这个项目中现代的材质和设计手法隐含着设计师对传统神韵的把握。无论是空间手法的应用，建筑意象的表达，还是构造节点的设计，都有建筑师的一些新的尝试，现代设计手法的运用与传统的人文继承，始终是建筑师关注和思考的重点；而如何与风景相融和，如何通过设计再造风景，也是设计师构思的出发点。

建筑的背景界面是一面红色的墙从中间插入一个由钢框分隔，四周环以水和喷泉的玻璃盒子。其上，是一个巨大的，有着华盖意象的白色张拉膜结构，四周悬索相连，简洁而独特。它不仅给位于二层的室外平台营造了半室内的宜人交流氛围，同时也为前边的玻璃盒子遮挡了阳光。建筑的入口偏于一侧，经过水池上的一座小桥，匠心独运。

张拉膜的运用定义了各种不同的空间，同时也赋予了建筑与众不同的姿态。砖、玻璃和钢三种材质的应用使得厚重与轻灵通透、传统与现代的对比相得益彰。（文／吴钢）

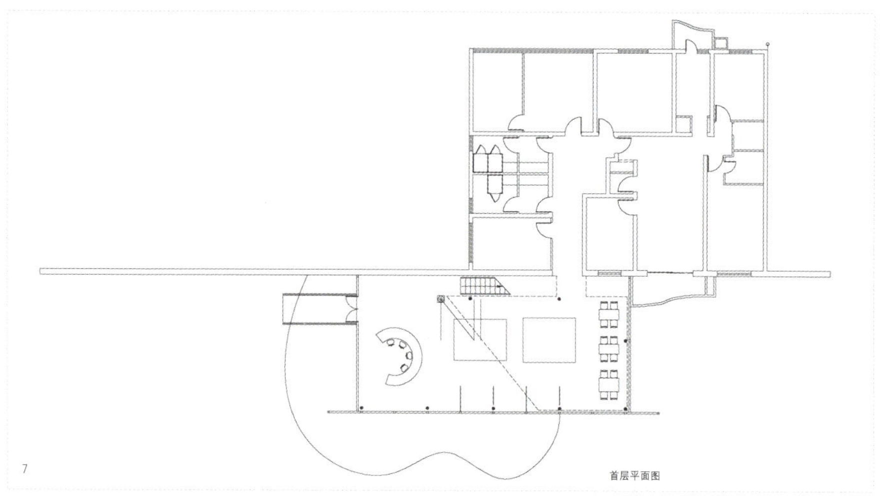

7 首层平面图

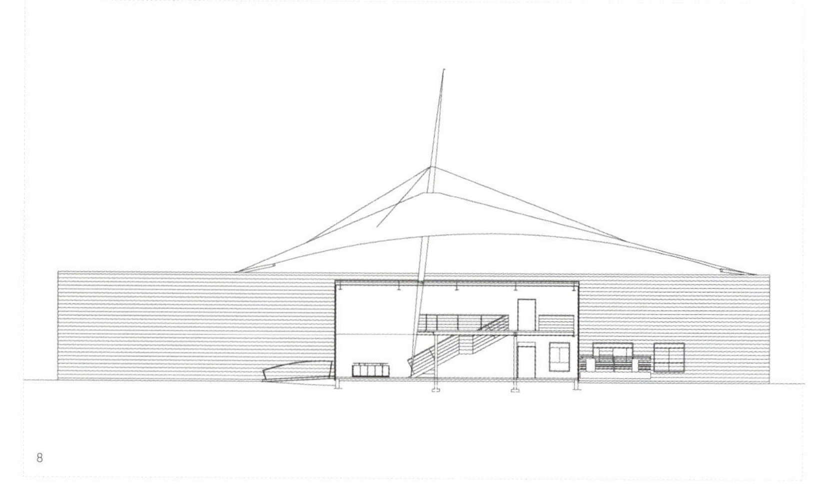

8

9

6　室外
7　首层平面图
8　立面图
9　室外夜景

10　楼梯间

11　洽谈区
12　入口

项目名称：北京华侨城售楼处

项目名称：SOHO 尚都售楼处

项目名称：东晶 · 国际售楼处

项目名称：富力城售楼处

项目名称：果岭 CLASS 售楼处

项目名称：光华国际售楼处

项目名称：置地星座售楼处

项目名称：五栋大楼售楼处

项目名称：傲城售楼处

项目名称：朝外 SOHO 售楼处

项目名称：亚运新新家园售楼处

项目名称：万通中心售楼处

项目名称：鑫兆佳园售楼处

项目名称：东方太阳城售楼处

项目名称：百嘉售楼处

项目名称：金地国际花园售楼处

项目名称：雍景台国际公寓售楼处

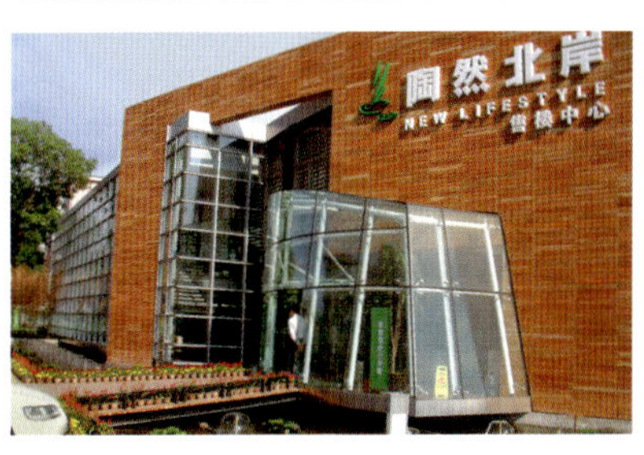

项目名称：陶然北岸售楼处

项目名称：东润枫景售楼处

后记

经过近八个月时间的大量的图文资料搜集整理和编辑工作，“新建筑设计”系列丛书《售楼处设计 1》、《会所设计 1》、《旧建筑空间的改造和再生 1》三本书终于得以出版面世。

由于“售楼处”建筑是房地产项目推介销售活动中一个极为重要及特别的窗口和视点，为此开发商在其建造上不惜投入巨资，这无形之中为建筑师的设计创作工作提供了相当好的条件。

目前，我国已涌现出一批十分优秀精彩的售楼处建筑作品，从一个侧面能集中体现当代中国建筑师的设计水平。为了向广大建筑设计人员、教师和青年学生以及房地产开发企业展示这些优秀的售楼处建筑作品。我们精心编辑《售楼处设计 1》一书，精选了部分北京当前比较著名楼盘售楼处的相关图文资料，以促进建筑业同行及其他热忱关注中国建筑创作与发

图书在版编目(CIP)数据

售楼处设计 1 / 刘光亚，鲁岗主编. – 北京：中国建筑工业出版社，2006
（新建筑设计丛书）
ISBN 7-112-08357-5

Ⅰ.售… Ⅱ.①刘…②鲁… Ⅲ.房地产业 – 服务建筑 – 建筑设计
Ⅳ.TU247

中国版本图书馆 CIP 数据核字 (2006) 第 048677 号

责任编辑：何 楠 王莉慧 黄居正
装帧设计：方舟正佳
责任设计：崔兰萍
责任校对：关 健 孙 爽

新建筑设计丛书
售楼处设计 1
刘光亚 鲁 岗 主编
*
中国建筑工业出版社出版、发行（北京西郊百万庄）
新华书店经销
制版：北京方舟正佳图文设计有限公司制版
印刷：北京画中画印刷有限公司印刷
*
开本：787 × 1092 毫米 1/12
印张：15 字数：400 千字
版次：2006 年 8 月第一版
印次：2006 年 8 月第一次印刷
印数：1-2500 册
定价：**120.00** 元
ISBN 7-112-08357-5
(15021)

（邮政编码 100037）
本社网址：http：//www.cabp.com.cn
网上书店：http：//www.china-building.com.cn